新型职业农民书架·动植物小诊所

柑橘病虫害
速诊快治

陈福如　杜宜新　阮宏椿
石妞妞　陈元洪　翁启勇　何玉仙
编著

海峡出版发行集团 THE STRAITS PUBLISHING & DISTRIBUTING GROUP | 福建科学技术出版社 FUJIAN SCIENCE & TECHNOLOGY PUBLISHING HOUSE

图书在版编目（CIP）数据

柑橘病虫害速诊快治 / 陈福如等编著. —福州：福建科学技术出版社，2020. 4（2021. 10重印）
（新型职业农民书架. 动植物小诊所）
ISBN 978-7-5335-6096-6

Ⅰ. ①柑…　Ⅱ. ①陈…　Ⅲ. ①柑桔类－病虫害防治
Ⅳ. ①S436. 66

中国版本图书馆CIP数据核字（2020）第030588号

书　　名　柑橘病虫害速诊快治
　　　　　新型职业农民书架·动植物小诊所
编　　著　陈福如　杜宜新　阮宏椿　石妞妞
　　　　　陈元洪　翁启勇　何玉仙
出版发行　福建科学技术出版社
社　　址　福州市东水路76号（邮编350001）
网　　址　www.fjstp.com
经　　销　福建新华发行（集团）有限责任公司
印　　刷　福州德安彩色印刷有限公司
开　　本　700毫米×1000毫米　1 / 16
印　　张　8
图　　文　128码
版　　次　2020年4月第1版
印　　次　2021年10月第3次印刷
书　　号　ISBN 978-7-5335-6096-6
定　　价　35.00元

前言 FORWORD

柑橘是我国主要果树，其栽培面积和产量均居世界前茅。2018年统计数据显示，我国柑橘栽培面积大约253万公顷，产量大约3500万吨，栽培面积已经超过苹果，柑橘有可能成为全国第一大水果。一些名优柑橘品种，如赣南脐橙、沃柑、芦柑、砂糖橘、琯溪蜜柚等大面积栽培生产，已成为我国南方广大农村的支柱产业。

我国柑橘适栽地区雨量较为充沛，气候温暖，栽培品种繁杂，病虫害发生种类多，为害严重，导致柑橘树势早衰、产量和品质下降。因此，做好柑橘病虫害的诊治工作是保证柑橘高产、优质、高效的重要环节，也是我国柑橘产业高质量稳步发展的基础性工作。

为了帮助广大果农直观地识别柑橘各种病虫害，有针对性地采取防治措施，提高柑橘病虫害的防治效果，我们赴各地柑橘产区调查采集、拍摄了大量病虫彩色照片，结合我们多年的研究成果和实践经验编写成本书。

本书介绍了柑橘主要病害23种、主要害虫37种。书中以彩色照片展现各种病害的症状和害虫的形态特征，辅以简要文字说明柑橘病虫害诊断技术及其发生规律和防治方法，力求重点突出、通俗易懂、内容实用。本书旨在帮助广大果农掌握现代农技知识，提升依靠科技发展生产、脱贫致富的能力，以培养一批懂科技的新型农民。

本书的出版得到福建省农业科学院出版专项经费的资助。参加部分工作的还有林国飞教授级高级农艺师、赖晓春高级农艺师等。由于作者水平有限，书中难免有不妥或谬误之处，敬请指正。

编著者

目录

CONTENTS

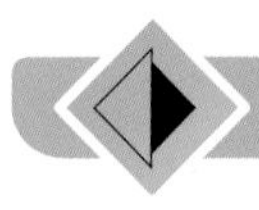

一、柑橘病虫害诊治技术

柑橘是亚热带常绿果树，喜温暖湿润的气候条件，生长期长，发生为害的病虫害种类繁多。据报道，柑橘病害40多种，包括真菌、卵菌、细菌、病毒和线虫病害等；柑橘害虫有120多种，包括鞘翅目、同翅目、鳞翅目等10个目及其所属近30个科害虫。对主要病虫害调查分类与田间快速诊断识别，明确病虫害发生规律，是开展柑橘病虫害防治的一个关键环节。

冬季是柑橘病虫害发生最薄弱环节，做好清园工作是清除病源、虫源和减轻来年为害的一项重要措施。而在翌年柑橘生长的春梢展叶期和开花结果期，柑橘病虫害比较高发，如果这个时期在田间对病虫害快速做出准确的诊断，有针对性地选择合适药物开展防治，对预防柑橘病虫害发生为害，能起到压前控后、事半功倍的效果。

当前在以农户家庭小规模柑橘生产的背景下，防治柑橘病虫害仍以化学防治为主。化学防治方法具有实施方便、见效快的特点，特别在发生病虫害较重的果园，应用药剂防治可有效地将病虫害控制在经济阈值内，并防止病虫害蔓延扩散为害。但由于柑橘生长期长，病虫害为害重，全年喷药次数多，易造成抗药性增强，天敌数量减少，用药成本和农药残留剧增。因此，对于种植规模较大、生态条件较好的果园，提倡应用综合的绿色防控技术措施，以减少农药的使用量，确保柑橘生产安全、质量安全和环境安全。

（一）柑橘病虫害快速诊断技术

1. 柑橘病害快速诊断

根据田间发生的主要病害种类与发生部位，对某种病害进行快速诊断，如发生在叶片上的病害较多，可根据变色、坏死、枯斑、萎缩、畸形、霉烂等症状进行区分。炭疽病症状主要是叶片坏死，细菌性溃疡病则表现为黄斑或枯斑。准确的诊断对下一步选择用药剂防治有着重要的意义。

2. 柑橘采后病害快速诊断

根据柑橘果实发生霉烂外形特征与产生的气味，将采后主要病害种类进行区别，如青绿病在果实表面着生霉层，味霉重；酸腐病则在果表产生白色粉状物，味酸，且易腐烂流汁。这两类采后病害适用的药剂种类不一样，若药剂选用不当，防治效果极差。青绿霉病应用咪鲜胺或咪鲜胺锰盐防治有特效，但这两种药剂对酸腐病效果则差；酸腐病选用噻菌灵防治，有较好效果。

3. 柑橘虫害快速诊断

根据田间发生的主要害虫种类与发生部位，虫体形态特征、生理特征、取食方式和为害状进行辨别。鳞翅目害虫，以幼虫为害柑橘，主要造成叶缺刻；同翅目害虫介壳虫、蚜虫等，以及红蜘蛛等，其虫体小，则以成若虫刺吸叶果汁液，造成叶片退色、黄化；鞘翅目天牛类造成树干枯枝，有虫孔和排泄物；小型甲虫，如潜叶甲、灰象甲为害叶果，造成缺刻，甚至只剩叶片表皮。

（二）柑橘病虫害综合防控技术

柑橘病虫害防治应实施“预防为主，综合防治”的植保方针，树立“科学植保、公共植保、绿色植保”理念，以农业防治、生态调控、生物防治、理化诱控、科学用药等综合防控技术，将病虫害控制在最低水平，确保柑橘生产安全、农产品质量安全和农业生态环境安全。柑橘主要病虫害综合防控技术措施有以下几个方面。

1. 农业防治

柑橘苗木、接穗、种子是溃疡病、黄龙病等病害传播的主要途径。无病区或新柑橘区不得引入病区苗木、接穗、果实、种子，严防病菌传入。提倡氮、磷、钾合理搭配，多施有机肥。结合冬季中耕深耕，消灭越冬甲虫、橘小实蝇蛹、夜蛾幼虫等地下越冬害虫，同时冬季结合修剪，把枯枝、落叶、落果等集中烧毁，减少翌年病虫害侵染源。

2. 生态调控

①橘园留草。植被覆盖率较高的橘园可以常年留草，改善橘园内小气候，保持橘园生态平衡和生物群落多样性，增强橘园自然生态调控能力。

②种植花源植物。在植被覆盖率较低的果园，可人工种植紫云英、三叶草、五色菊、藿香蓟、苜蓿、平托花生等花源植物，一则可增加土壤肥力水平，提高水分保蓄能力；二则改善果园生态环境条件，给害虫天敌提供替代寄主、食料、庇护和繁育场所。

果园种植紫云英，为天敌提供繁育场

3. 生物防治

应用瓢虫、草蛉、寄生蜂防治蚜虫，用赤眼蜂、小茧蜂防治卷叶蛾等，用小黑瓢虫、澳洲瓢虫防治介壳虫等；人工释放捕食螨防治红蜘蛛、锈蜘蛛、蓟马；

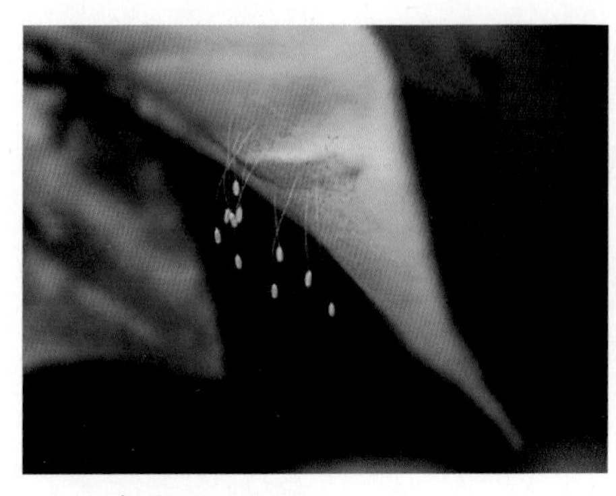
利用草蛉防治蚜虫

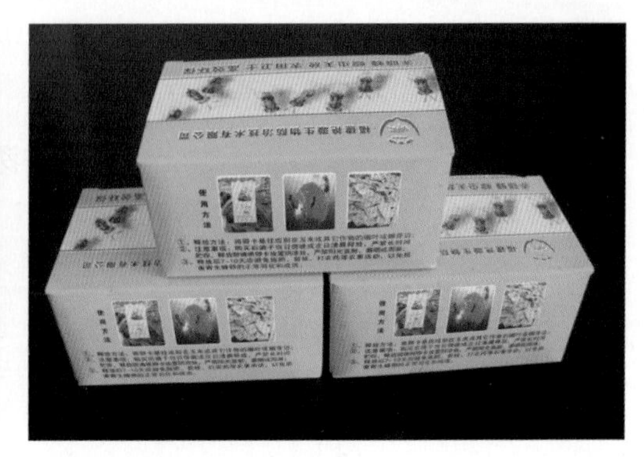
利用赤眼蜂防治卷叶蛾

利用喷洒绿僵菌粉防治柑橘天牛、金龟子等。在柑橘旁边种植藿香蓟、三叶草等，以增加捕食螨和蜘蛛等天敌数量，稳定有益生物种群。选用对天敌杀伤力小的安全农药，尽量避免伤及天敌。

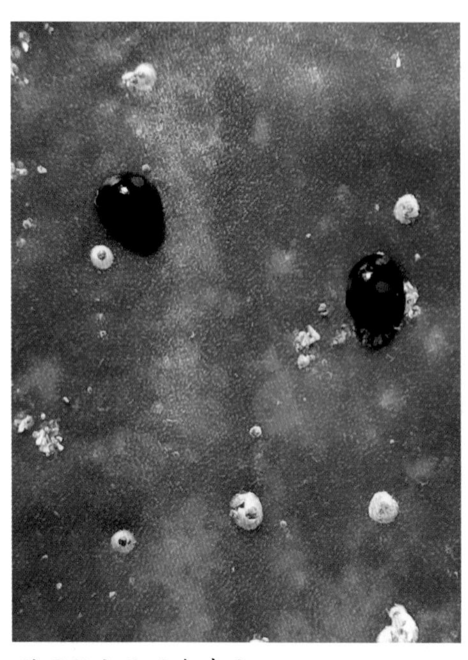

利用瓢虫防治介壳虫

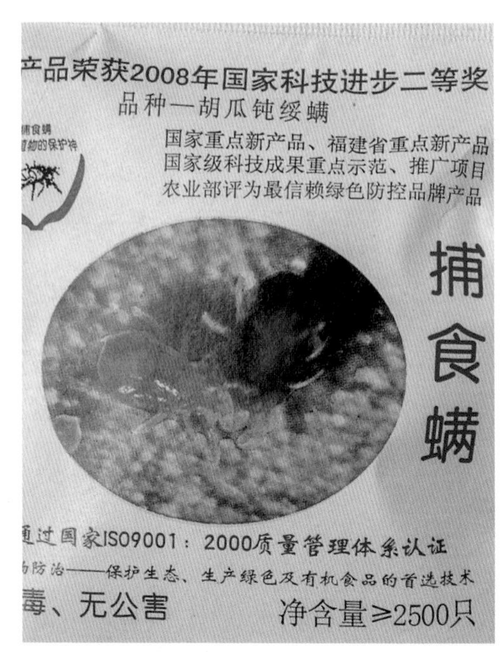

利用捕食螨防治害螨

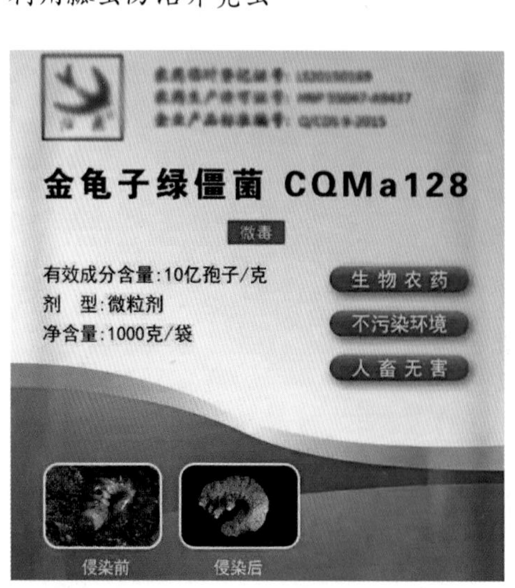

利用绿僵菌防治金龟子等

利用粉虱座壳孢菌防治粉虱

4. 理化诱控

利用柑橘害虫的趋光性、趋化性等生物学特性诱杀其成虫，或阻隔害虫为害。

①黄板、蓝板诱杀。在夏梢抽发期，每两株挂放黄色或蓝色粘虫板一块，诱杀柑橘粉虱、蚜虫、黑刺粉虱等害虫；粉虱、蚜虫成虫盛发期，每亩（1/15 公顷）橘园挂放 20~30 块黄板。黄板以高出树冠 30 厘米或挂在树干基部为宜，20~30 天换 1 次。

利用黄板诱杀蚜虫等害虫

②杀虫灯诱杀。果实成熟期，每 30 亩安装频振式杀虫灯或智能太阳能杀虫灯 1 盏，诱杀潜叶蛾、吸果夜蛾、金龟子等害虫的成虫，每天夜晚只在 7~11 时使用。

③性诱剂诱捕。利用雌性害虫信息素可引诱雄性成虫的特性，采用含性信息素诱芯的诱捕器挂树诱捕橘小实蝇成虫、潜叶蛾、吸果夜蛾等害虫。每亩果园宜挂放 4~5 个诱捕器。

利用智能太阳能杀虫灯诱杀害虫

④糖醋液诱杀。果实成熟期，在橘园放置糖醋混合液诱杀吸果夜蛾等害虫。

⑤果实套袋。在第二次生理落果后，选用单层半透明专用纸袋套住果实，以阻隔橘小实蝇、吸果夜蛾等害虫为害。套袋前视果园病虫害发生情况，全面喷洒毒死蜱和咪鲜胺药剂各一次，可同时防治果实病虫害。

利用性诱剂＋黏胶诱捕橘小实蝇

柑橘果实套袋保护

5. 科学用药

化学防治是目前防治有害生物最有效的应急措施。在上述防治措施效果不明显时，可选用化学防治方法。化学防治必须严格依照防治指标实施，选择高效、低毒、低残留、与环境友好的农药，优先选用生物农药和矿物源农药。注意施用时期和方法，减少用药次数和数量，避免对天敌的直接杀伤。用药前要掌握病虫害发生规律，本着“防重于治、协调防控”的原则，抓住关键的防治时期，喷施兼治多种病虫且对天敌毒害小的低毒广谱性农药。

①对症选用农药。柑橘病虫害种类繁多，目前农药品种也多，针对防治对象选准农药十分重要。

②适时适量施用农药。选择适当的时间施用农药，是控制柑橘病虫害发生、避免药害与农药残毒经济有效的途径。不同的有害生物有不同的防治适期，不同的农药具有不同的性能，防治适期也不一样，必须综合考虑农药、防治对象和环境条件，才能充分发挥其应有药效。因此，必须根据田间病虫害发生实际情况及预测预报情况进行准确适时施药。适量施用农药是有效防治柑橘病虫害的重要技术。用药量过大，不仅造成浪费，而且会增加环境污染，甚至产生药害或人畜中毒；用药量太小，又影响防治效果。因此，应严格按照农药规定用量施用。

③采用正确方法施药。施药方法正确，不仅可充分发挥农药的效果，而且能避免或减少对天敌的杀伤、柑橘药害及农药残留等。农药的施用方法很多，在柑橘生产中的施药方法有喷雾法（包括低容量喷雾、超低容量喷雾）、浇灌法、涂干法、毒饵法等。同时，应用先进的喷药设备和机械，如应用智能无人机植保药械、车载高压喷药设备等，以提高喷药效率，减少喷药量，最大限度减少农药对柑橘的污染，达到预期效果。

用于喷药的智能多旋翼无人机

应用电动喷雾器施药

④轮换使用和合理混用。轮换使用不同作用机制的农药，可延长有害生物产生抗药性的时间，充分发挥药效。合理复配与混用农药，可以提高防治效果，扩大防治对象，延缓有害生物的抗药性。因此，必须根据当时当地病虫害防治的

实际需要，将不同类型的农药科学合理混匀施用。

⑤安全使用农药。严格执行《农药管理条例》和《农药安全合理使用准则》，严禁使用高毒、高残留农药；禁止使用具有致癌、致畸、致突变作用的农药，以及影响柑橘品质的农药。严格执行农药使用安全间隔期规定和农药使用操作规程，防止柑橘产生药害，避免对农产品和果园环境产生污染。

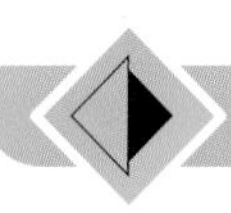

二、主要病害诊治

1. 柑橘黄龙病

症状

柑橘黄龙病是一种世界性的柑橘病害。初期症状出现多条的发黄枝梢，有的整张叶片均匀黄化，有的叶片呈黄绿相间的斑驳状。共同特点是叶质硬化、无光泽，但在黄梢下部的老叶仍呈正常绿色。病春梢短而纤弱，病叶细小狭长，硬化，

柑橘黄龙病（叶片黄化）

柑橘黄龙病（叶脉木栓化）

柑橘黄龙病（新梢黄化）

柑橘黄龙病（黄化的丛枝梢）

主侧脉绿色，其余部分为黄色，与缺锌症状相似；后期病枝上叶片脱落，出现枯枝。病果较小，果皮光滑，畸形，果皮着色时黄绿不均匀或在果蒂附近变橙红色，而其余为青绿色的青果。

柑橘黄龙病病果

柑橘黄龙病病树

病原

柑橘黄龙病病原菌为薄壁菌门韧皮部杆菌属细菌（*Liberobacter asiaticum*），革兰染色阴性，对四环素族抗菌素及青霉素敏感。

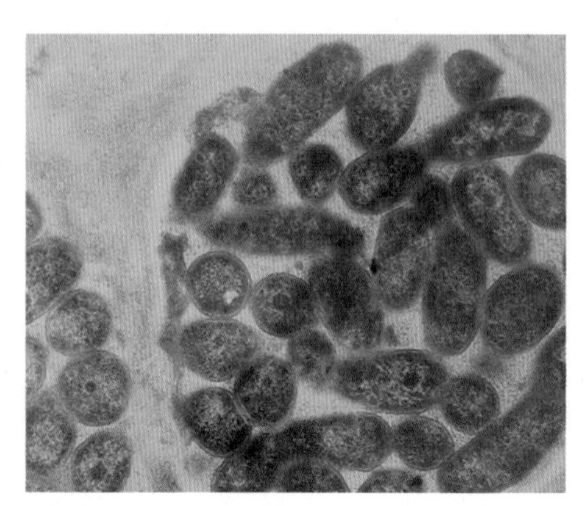

柑橘黄龙病病原菌

发病规律

柑橘黄龙病病原菌传播介体为亚洲木虱。柑橘黄龙病的主要侵染源是田间病株、带病苗木接穗和带菌木虱。一般苗木带病率在10%以上的新果园或田间病株率达20%以上的果园，如介体木虱发生数量大，则病害严重流行。栽培管理差、树势弱、木虱多的果园发生较重。日照短、湿度大的山谷果园，以及有防护林带或位于高海拔的果园，都不利于木虱的生长，病害发生较少。蕉柑、福橘、芦柑较感病，雪柑和甜橙较耐病。

柑橘黄龙病介体木虱

防治方法

①实行检疫制度。苗木调运必须通过检疫，禁止病区苗木及一切带病材料进入新区和无病区。新开辟的果园要种植无病苗。

②建立无病苗圃，培育无病苗木。

③发现病株或可疑病株，应立即挖除，用无病苗补植。

④加强栽培管理，增施有机菌肥，保持树势健壮，提高抗病力。

⑤防治木虱。通过水肥管理控梢，以减弱木虱繁殖和传播。新梢期选喷25%噻虫嗪水分散粒剂（4克/亩）、10%乙虫腈悬浮剂（30毫升/亩）等杀虫剂，防治柑橘木虱。果园四周栽种防护林带，对阻碍木虱的迁飞也有作用。

2. 柑橘衰退病

症状

柑橘衰退病是一种世界性的柑橘病害，主要发生在以酸橙作为砧木的甜橙和宽皮柑橘上，大树发病多。病树新梢抽发少，叶片无光泽，结果多且小，果树逐渐凋萎。葡萄柚、柚类品种发病表现在枝干上，剥开主干或枝条的树皮，木质部有明显的凹陷条沟，枝条极易折断；植株矮化，果实偏小，有时叶片主脉黄化。

柑橘衰退病（病树）

柑橘衰退病（病叶、病果）

柑橘衰退病（病果）

病原

柑橘衰退病病原是一种线状病毒（*Citrus Tristeza Virus*，CTV），属线性病毒组。

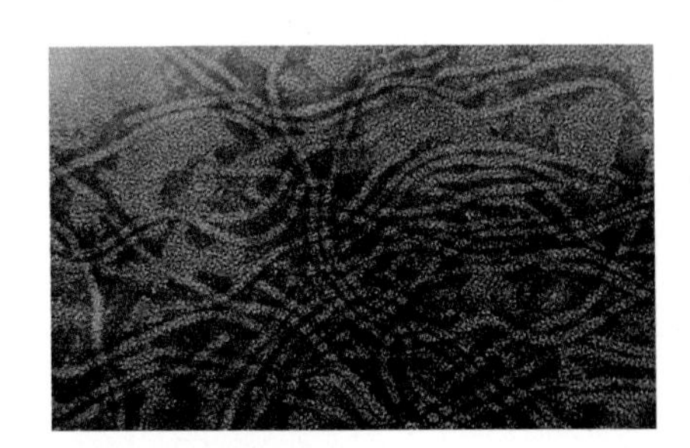
柑橘衰退病病原

发病规律

柑橘衰退病的传播途径是通过带毒的苗木和带毒的芽、皮和叶碎片嫁接传染，在田间主要通过橘蚜、绣线菊蚜等蚜虫传播。其中，橘蚜的传病力最强。病毒侵入寄主后，一般先从顶部往下运行，破坏砧木的韧皮部，阻碍养分输送，引起根部腐烂死亡，然后引起地上部发病。寄主对衰退病的感病性是病毒发生的重要条件。一般以酸橙作砧木的甜橙、宽皮柑橘易感病，而用枳橙、粗柠檬和甜橙作砧木的甜橙和宽皮柑橘都较耐病。

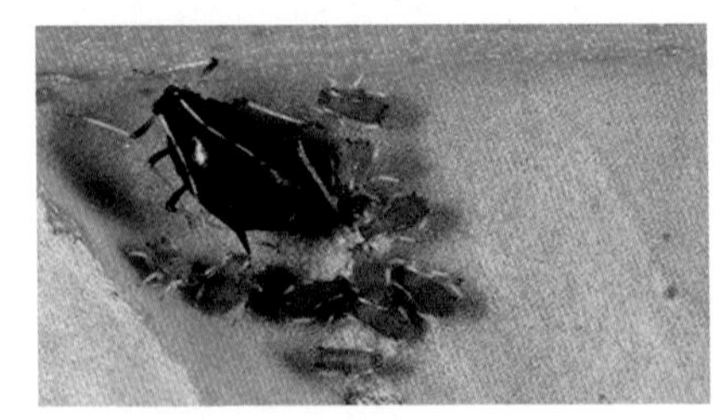
柑橘衰退病传毒蚜虫

防治方法

①加强检疫，防止带菌苗木传入新植区果园。

②对于发病较轻的枝梢，应及时修剪，并在修剪口涂愈伤防腐膜，以促进伤口愈合。对于发病严重的树体，应予以铲除，并换上抗病性强的品种。

③加强栽培管理，增施微生物菌肥，提高植株的抗病性。

④防治传毒昆虫。新梢期选喷25%噻虫嗪水分散粒剂（4克/亩）、10%乙虫腈悬浮剂（30毫升/亩）等杀虫剂，防治柑橘蚜虫。

⑤药剂防治。在植株发病初期施药防治，可选用 0.5% 香菇多糖水剂（75 毫升 / 亩）、50% 氯溴异氰尿酸可溶粉剂（50 克 / 亩）、30% 毒氟磷可湿性粉剂（30 克 / 亩），加水兑成适宜倍数后喷雾防治。

3. 柑橘溃疡病

症状

柑橘溃疡病为国内外检疫对象。叶片病斑近圆形，直径 3~5 毫米，病部表皮破裂、隆起，表面粗糙木栓化，病中心凹陷成火山口状开裂，周围有黄绿色晕环。枝梢和果实上的病斑与叶片上的相似。发生严重时落叶、落果。

柑橘溃疡病（病果）

柑橘溃疡病（病果）

柑橘溃疡病（病叶）

柑橘溃疡病（病树）

柑橘溃疡病（初期）

柑橘溃疡病（中期）

柑橘溃疡病（后期）

柑橘溃疡病（雪柑）

柑橘溃疡病（甜橙）

柑橘溃疡病（病枝）

病原

柑橘溃疡病病原菌为柑橘黄单胞杆菌（*Xanthomonas citri*），属细菌类黄单胞杆菌属。

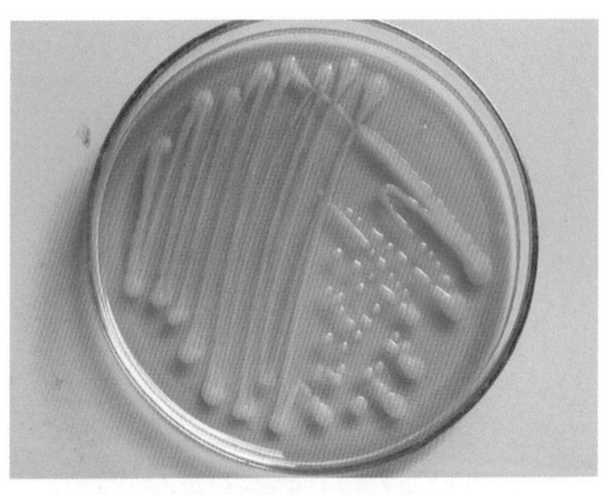
柑橘溃疡病病原菌

发病规律

高温多雨，尤其是台风雨，有利于病原菌的繁殖、传播和侵入，病害发生重。施氮肥过多，抽梢次数多，梢期不一致，会加重病害。为害柑橘叶片的潜叶蛾发生数量多，造成大量伤口，利于病原菌侵入，病害发生严重。甜橙类、柚类及柠檬较感病，橘类、金柑较抗病。

柑橘潜叶蛾为害引发溃疡病

防治方法

①实行严格检疫，禁止从病区输入苗木、接穗、种子、果实等。

②建立无病苗圃，培育无病苗。无病苗圃应建立在隔离区内育苗，砧木种子及接穗要消毒灭菌。

③加强栽培管理。加强水肥管理，控制夏梢生长，及时做好潜叶蛾等害虫的防治。

④药剂防治。采取以清园为主，结合适时喷药的综合措施。冬、春季结合修剪，剪除病枝、病叶并集中烧毁。喷药保护新梢及幼果。新梢在新叶初展时喷药，果实在谢花后 15 天喷药。有效药剂有 50% 氯溴异氰尿酸可溶粉剂（50 克 / 亩）、20% 噻枯唑可湿性粉剂（100 克 / 亩）、77%氢氧化铜可湿性粉剂（50 克 / 亩）、20% 噻菌铜悬浮剂（100 毫升 / 亩）等，加水兑成适宜倍数后喷雾防治。

4. 柑橘疮痂病

症状

柑橘疮痂病主要为害新梢、嫩叶、幼果。受害叶片病斑木栓化隆起，多向叶背突出（叶面凹陷），成圆锥形的疮痂，表面粗糙，叶片扭曲畸形。受害的幼果果皮上形成瘤状木栓化突起的病斑，受害严重的幼果早期便脱落。天气潮湿时，在疮痂的表面长出淡红色的孢子团。

柑橘叶疮痂病（病叶）

柑橘疮痂病（病叶背面）

柑橘疮痂病（病果）

柑橘疮痂病（病果）

柑橘疮痂病（病果）

柑橘疮痂病（后期落果）

病原

柑橘疮痂病病原菌为痂圆孢（*Sphaceloma fawcettii*），属真菌类痂圆孢菌属。

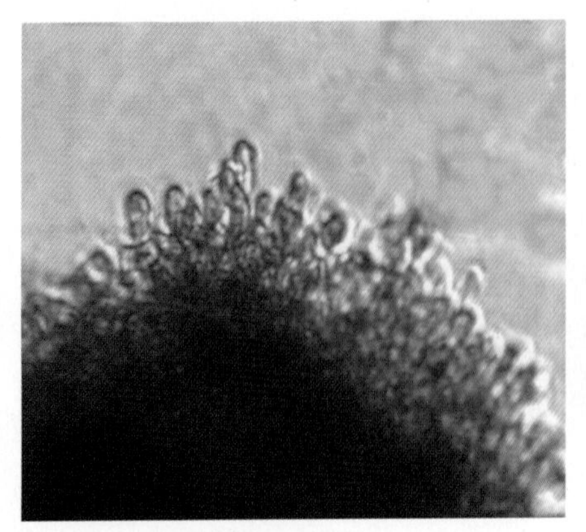

柑橘疮痂病病原菌

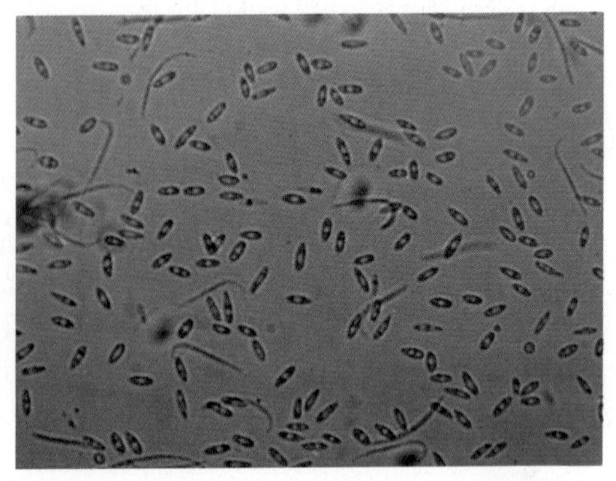

柑橘疮痂病病原菌分生孢子

发病规律

柑橘疮痂病的发生，需要有较高的湿度和适宜的温度。凡春天雨水多的年份或地区，春梢和幼果发病就重；反之则轻。橘类、柠檬最感病，柑类、柚类为中度感病，甜橙类和金柑较抗病。病原菌只侵染幼嫩组织，以刚抽出而尚未展开的嫩叶、嫩梢及刚谢花的幼果最易受害。

防治方法

①冬季清园。结合春季发芽前修剪，剪除病梢、病叶，并集中烧毁，以减少病原菌。

②药剂防治。保护新梢及幼果，一般要喷 3 次药，分别在春芽萌发、展叶和谢花 2/3 时喷药。有效的药剂有 10% 苯醚甲环唑水分散粒剂（50~60 克 / 亩）、15% 氯啶菌酯乳油（50 毫升 / 亩）、25% 咪鲜胺乳油（50~60 毫升 / 亩）、250 克 / 升嘧菌酯悬浮剂（50 毫升 / 亩）、2% 春雷霉素水剂（100 毫升 / 亩）、325 克 / 升苯甲 · 嘧菌酯悬浮剂（25 毫升 / 亩）和 75% 肟菌酯 · 戊唑醇水分散粒剂（20 克 / 亩）等，加水兑成适宜倍数后喷雾防治。

5. 柑橘炭疽病

症状

柑橘炭疽病可引起叶枯、梢枯、果实腐烂。为害叶片时症状多出现在成熟叶片的叶尖或叶边缘处，病斑褐色，病健部分界明显，后期在病斑上出现黑色小黑点。为害枝梢时病斑呈灰色，椭圆形，稍凹陷。为害果实时多从果蒂开始出现褐色的病斑，病斑边缘明显，呈深褐色，湿度大时病部有粉红色的孢子团；病斑逐渐扩大，终至全果腐烂。

柑橘炭疽病（病叶）

柑橘炭疽病（病叶）

柑橘急性型炭疽病（病叶）

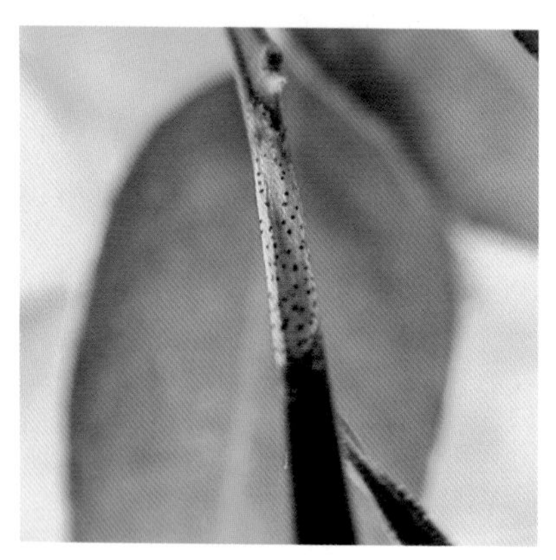

柑橘炭疽病（病枝）

柑橘炭疽病（病果枝）流胶

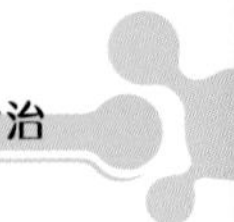

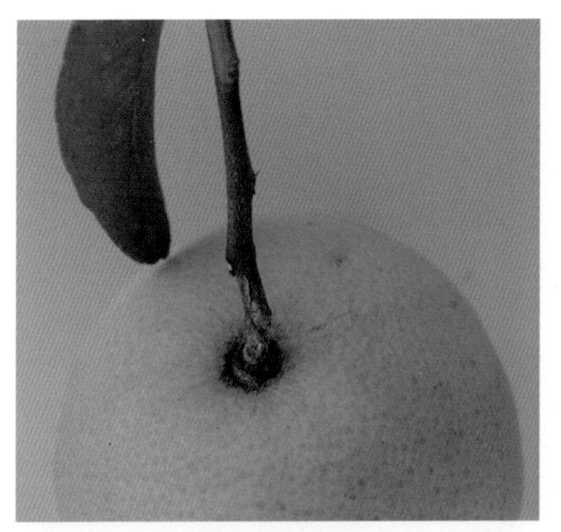

柑橘炭疽病（受害果柄）

柑橘炭疽病（病果前期）

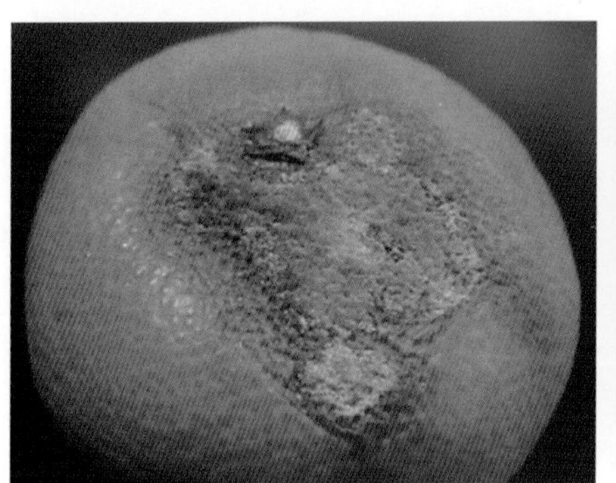

柑橘炭疽病（病果中后期）

柑橘炭疽病（病果后期）

病原

柑橘炭疽病病原菌为胶孢炭疽菌（*Colletotrichum gloeosprioides*），属真菌类胶孢炭疽菌属。

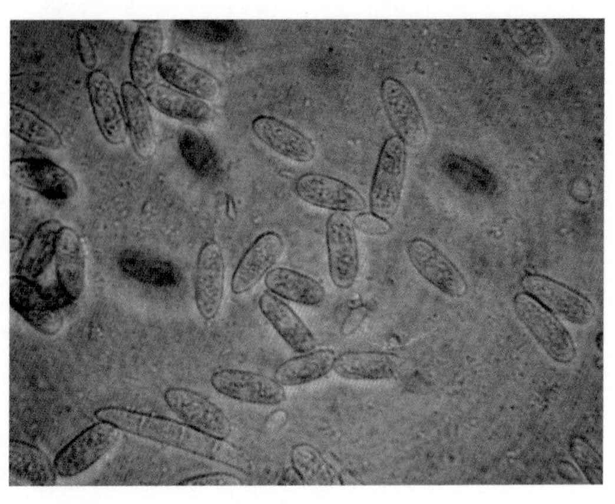

柑橘果炭疽病病原菌分生孢子

发病规律

柑橘炭疽病在高温多湿的条件下发生较多，故在夏、秋梢发病较重。该病与栽培管理技术关系甚为密切。管理粗放，树势衰弱，则发病较重；相反，管理合理，树势健壮，发病较轻。病原菌能为害多种芸香科植物，芦柑、甜橙、温州蜜橘、福橘等发病较重。

防治方法

①加强栽培管理，增强树体抵抗力。结合春季修剪，清除病枝、病果，减少菌源。

②药剂防治。在春、夏、秋梢的嫩梢期予以喷药保护，幼果要在落花后 1 个月内喷药保护，每隔 15 天喷药 1 次，连续喷 2~3 次。有效药剂有 10% 苯醚甲环唑水分散粒剂（50~60 克 / 亩）、15% 氯啶菌酯乳油（50 毫升 / 亩）、25% 咪鲜胺乳油（50~60 毫升 / 亩）、250 克 / 升嘧菌酯悬浮剂（50 毫升 / 亩）、2% 春雷霉素水剂（100 毫升 / 亩）、325 克 / 升苯甲 · 嘧菌酯悬浮剂（25 毫升 / 亩）、75% 肟菌酯 · 戊唑醇水分散粒剂（20 克 / 亩），加水兑成适宜倍数后喷雾防治。 采果后可用 42% 噻菌灵悬浮剂（3~5 毫升 / 升）、25% 抑霉唑水乳剂（2~3 毫升 / 升）、450 克 / 升咪鲜胺水乳剂（10~20 毫升 / 升）浸果防病。

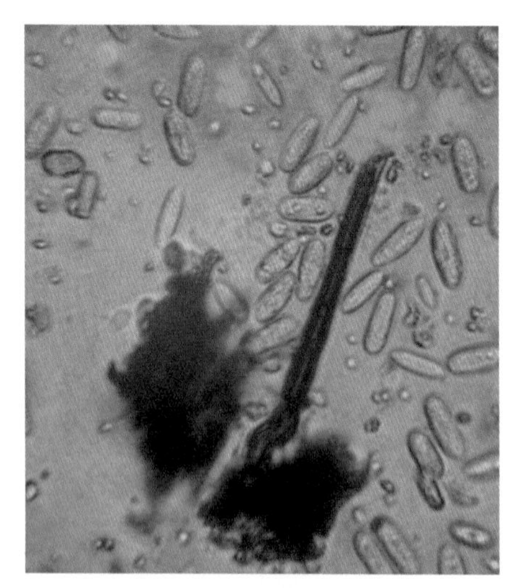

柑橘叶炭疽病病原菌分生孢子

6. 柑橘树脂病、砂皮病

症状

树脂病（流胶病）发生在树干上，砂皮病发生在叶片和未成熟果上。树脂病常发生于主干分叉处或主干部，病部皮层组织松软、坏死、呈红褐色，渗出褐色胶液，后病部逐渐干枯，皮层开裂剥落，木质部外露，四周隆起疤痕。砂皮病，病部表面生有许多褐色或紫黑色、胶质状小粒点，略隆起，表面粗糙，状若砂子。

柑橘树脂病（发生主干分叉处）

柑橘树干树脂病（流胶）

柑橘砂皮病（病叶）

柑橘砂皮病（病果）

柑橘砂皮病（病果）

病原

柑橘树脂病、砂皮病病原菌无性态为拟茎点属菌（*Phomopsis citri*），有性态子囊菌属真菌类间座壳属（*Diaporthe citri*）。

发病规律

病原菌主要以菌丝体和分生孢子器在病树干及病叶组织内越冬。分生孢子器终年可产生分生孢子，随风雨、昆虫及鸟类传播。病原菌主要从伤口侵入。春秋两季或冬季柑橘遭受冻害后此病易发生流行。

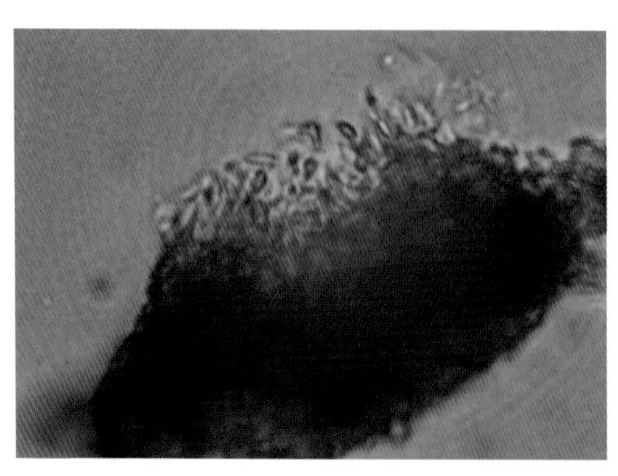

柑橘树脂病、砂皮病病原菌分生孢子器和分生孢子

柑橘树脂病、砂皮病病原菌子囊菌

防治方法

①加强栽培管理，提高树体抗病能力。做好防霜冻工作，低温来临前培土、灌水、盖草防冻。秋季及采收前后及时施肥，增强树势。早春结合修剪，剪除病枝梢，集中烧毁。

②树干刷白，防止日灼。白涂剂配方：生石灰 10 千克，食盐 0.5 千克，水 40~50 千克。

③病树刮治或涂药。已发病树，于春季彻底刮除病组织，后选用 77% 氢氧化铜可湿性粉剂（100 克 / 亩）和 50% 多菌灵可湿性粉剂（150 克 / 亩）混合后涂刷。涂药 2~3 次，每次间隔 15 天。

④喷药保护。结合防治柑橘疮痂病，于春梢萌发前，喷洒 1 次 80% 代森锰锌可湿性粉剂（130 克 / 亩）；在花落 2/3 时，以及幼果期和膨大期，各喷药 1 次，药剂可选用 10% 苯醚甲环唑水分散粒剂（50~60 克 / 亩）、25% 咪鲜胺乳油（50~60 毫升 / 亩）、250 克 / 升嘧菌酯悬浮剂（50 毫升 / 亩）、50% 多菌灵可湿性粉剂（130 克 / 亩）、80% 代森锰锌可湿性粉剂（130 克 / 亩），加水兑成适宜倍数后喷雾防治。

7. 柑橘黄斑病

症状

柑橘黄斑病又叫柑橘脂点黄斑病。发病初期在叶片正面和背面出现褪绿小黄点，后扩展成大小不一的黄色斑，边缘不明显，并在叶背病斑上出现淡黄色疱疹状突起小粒点，后呈暗褐色。

柑橘黄斑病（病叶）

柑橘黄斑病（病叶背面）

病原

柑橘黄斑病的病原菌为叶点霉（*Phyllosticta* sp.），属真菌类叶点霉属。

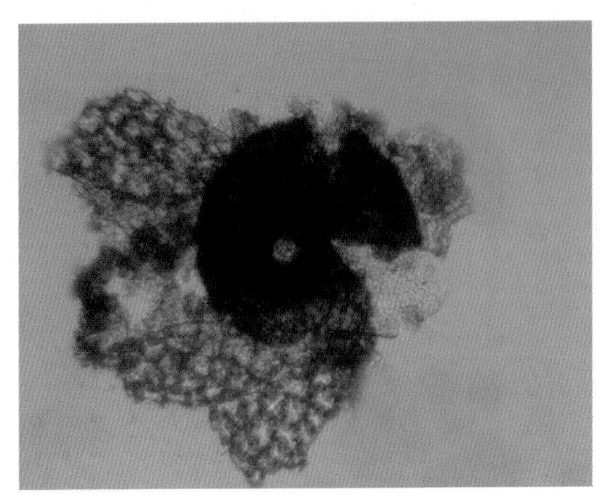

柑橘黄斑病病原菌分生孢子器

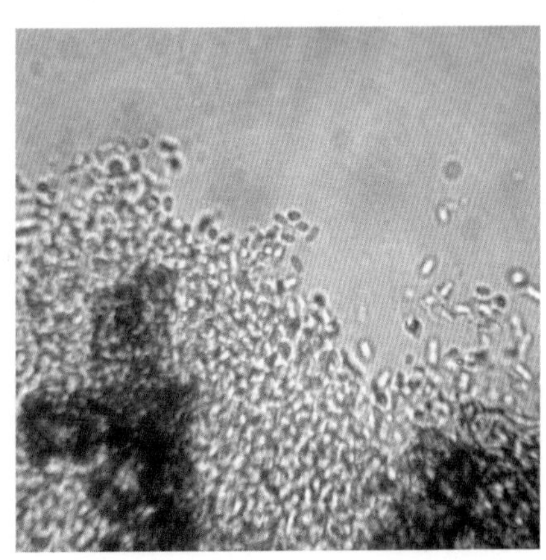

柑橘黄斑病病原菌分生孢子

发病规律

管理粗放、树势生长衰弱的柑橘园，病害发生严重；反之，则病害发生较轻。幼龄树发病轻，老龄树发病重。芦柑、蕉柑、柚子发病较重，橘类次之，甜橙发病较轻。

防治方法

①加强果园栽培管理。做好冬季清园，收集病叶集中烧毁，以减少初侵染菌源。合理施肥，注意排灌，促进树势生长壮旺，提高抗病力。

②药剂保护。药剂可用 25% 咪鲜胺乳油（50~60 毫升 / 亩），加水兑成适宜倍数后喷雾防治。

8. 柑橘褐斑病

病状

发病初期，叶面出现褐色圆形小点，周围有黄色晕环。以后病斑扩大，中央为褐色，边缘为淡褐色，病斑周围为淡黄色。病斑大小为 3~16 毫米。潮湿时，病斑长有暗褐色霉丛。后期叶片枯黄，脱落。果实上也会发病。

柑橘褐斑病（病叶）

病原

柑橘褐斑病病原菌为黑星菌（*Fusicla-dium* sp.），属真菌类黑星菌属。

发病规律

柑橘褐斑病在 8~9 月台风或暴雨发生后发病较严重。老树比幼年树和壮年树发病重。生长环境阴暗、通风差、地势低的橘园，容易发生此病。温州蜜柑、甜橙、芦柑易感病。

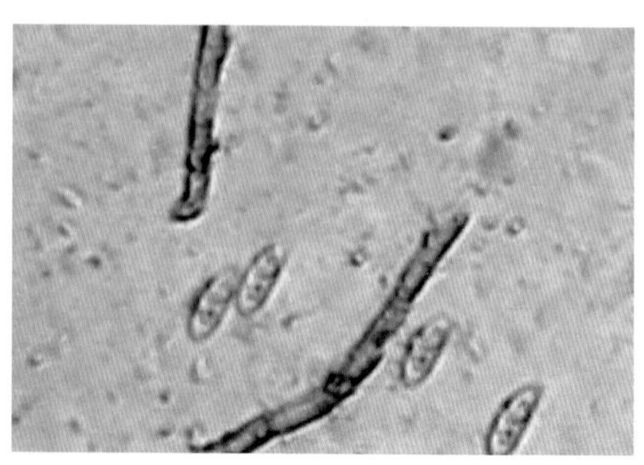

柑橘褐斑病病原菌分生孢子梗和分生孢子

防治方法

①加强栽培管理，增强树体抵抗力。结合春季修剪，清除病枝、病叶，减少菌源。

②药剂防治。在夏、秋梢的嫩梢期喷药，每隔 10 天左右喷药 1 次，连续喷 2~3 次。药剂可选用 10% 苯醚甲环唑水分散粒剂（50~60 克 / 亩）、25% 咪鲜胺乳油（50~60 毫升 / 亩）、250 克 / 升嘧菌酯悬浮剂（50 毫升 / 亩）、50% 多菌灵可湿性粉剂（130 克 / 亩）、80% 代森锰锌可湿性粉剂（130 克 / 亩），加水兑成适宜倍数后喷雾防治。

9. 柑橘黑星病

症状

初期发生在春梢期嫩叶上，病斑初为浅黄色褪绿小点，后扩展为圆形或褐色近圆形凹斑。叶片正反面都有病斑，正面症状较明显。病斑前期有明显的黄晕圈，不流胶，病健部明显。后期病斑中心呈灰白色，并散生、埋生黑色粒点，边缘界线清晰。果实上病斑初为浅黄色褪绿小点，后扩展为圆形或近圆形的褐色凹斑。病斑上有时流胶，严重的胶质沾满果面。后期病斑中心呈灰白色，并散生、埋生黑色粒点，边缘界线清晰。有的果实上病斑呈棕褐色，有时多个病斑联合成片，果农称之为“红斑”。

柑橘黑星病（病果）

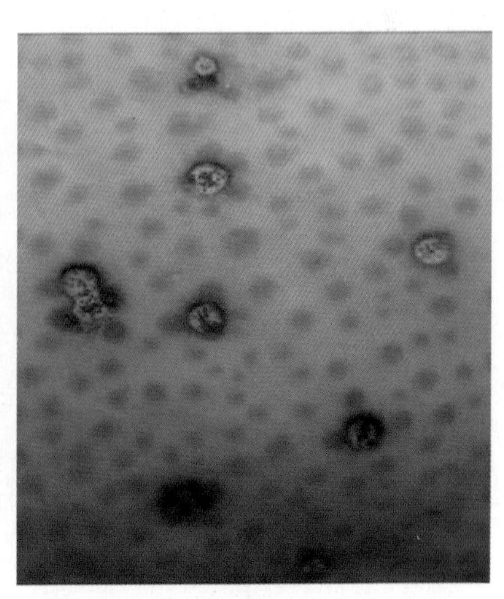

柑橘黑星病（病果）

病原

柑橘黑星病病原菌为（*Phyllosticta citriasiana*），属真菌类叶点霉属。

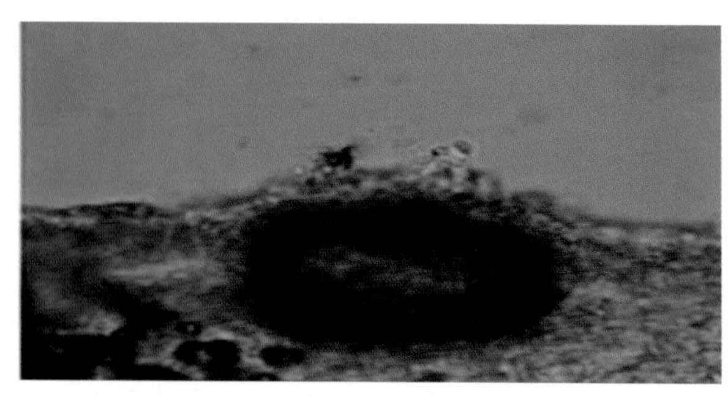

柑橘黑星病病原菌分生孢子器

发病规律

病原菌在叶上越冬，翌年蜜柚花期至幼果期恰逢雨季，病原菌大量繁殖孢子，借助雨水飞溅传播。孢子附着在幼果表皮后萌发侵入，并在果皮内长期潜伏不显症 。一般在 7~8 月果园出现零星病斑 ，到了果实近成熟期暴发。病果在贮藏期间条件适宜时可继续产生新的病斑。春末夏初气温适宜，雨水多，极有利于病原菌的传播及侵染。种植密度高、郁闭（通风透光差、相对湿度大）的果园，如山坑果园，发病重。柑橘品种的抗病性差异明显，沙田柚、琯溪蜜柚均较感病。栽培管理粗放、肥料不足、土壤有机质缺乏、树势衰弱的果园发病较重。

防治方法

①选种无病苗。尽量做到出圃苗健康无病叶，苗木出圃必须经过检疫并消毒处理。

②清园。黑星病病原菌主要寄生在老叶上越冬，成为初侵染菌源。将枯枝落叶集中烧毁，全园喷施 1∶100 波尔多液，重喷树冠下方老叶，消灭越冬菌源。结合冬季中耕翻土，撒施生石灰消毒，改良土壤酸性，同时提高土壤肥力。

③合理施肥，提高植株抗病力。应增施经充分腐熟的有机肥，实行氮、磷、钾平衡施肥，及时适量追肥，全年施肥 5 次。

④套袋保果。每年 7~8 月稳果后，采用蜜柚专用纸质保果袋进行果实套袋。套袋前要进行 1 次全面的病害防治，可有效减少病原菌。

⑤药剂防治。在夏、秋梢的嫩梢期喷药，每隔 10 天左右喷药 1 次，连续喷 2~3 次。可选用的药剂有 10% 苯醚甲环唑水分散粒剂（50~60 克 / 亩）、25% 咪鲜胺乳油（50~60 毫升 / 亩）、250 克 / 升嘧菌酯悬浮剂（50 毫升 / 亩）、50% 多菌灵可湿性粉剂（130 克 / 亩）、80% 代森锰锌可湿性粉剂（130 克 / 亩），加水兑成适宜倍数后喷雾防治。

10. 柑橘煤烟病

症状

在叶片、枝梢、果实表面生成黑色的煤烟层，即黑霉层。病原菌以蚜虫、介壳虫和粉虱等害虫的分泌物为营养，不侵入寄主，故黑霉层容易被抹掉。柑橘煤烟病影响树体的光合作用和果实着色，使树势生长衰弱。

柑橘煤烟病（病叶）

病原

柑橘煤烟病病原菌为柑橘煤炱霉（*Capnodium citri*），属真菌类煤炱属。

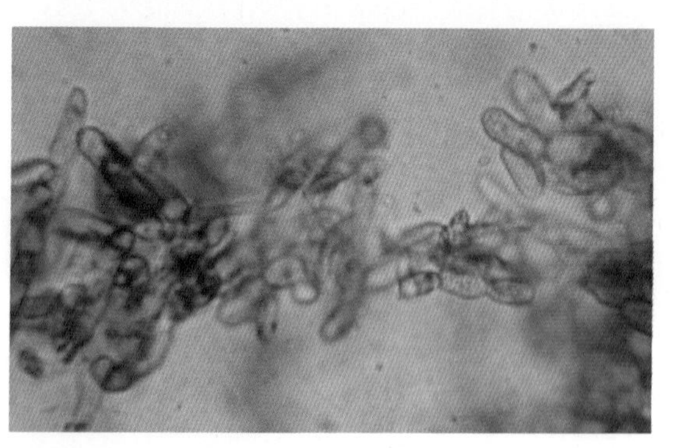

柑橘煤烟病病原菌

发病规律

蚜虫、介壳虫及粉虱发生严重的柑橘园，种植过密、通风不良或管理粗放的果园，病害发生严重。病原菌能在病叶、果枝上越冬，成为次年初侵染菌源。

防治方法

①加强栽培管理。合理密植和施肥，适当修剪，使果园通风透光良好，减轻发病。

②喷药防治蚜虫、介壳虫及粉虱等害虫，是防治该病的关键。在挂果的初期可选用 10% 吡虫啉可湿性粉剂（20 克 / 亩）、25% 噻虫嗪水分散粒剂（4 克 / 亩）、25% 吡蚜酮可湿性粉剂（25 克 / 亩）喷洒治虫。

③在叶果发病初期喷药保护。可选用 25% 咪鲜胺乳油（50~60 毫升 / 亩）、250 克 / 升嘧菌酯悬浮剂（50 毫升 / 亩）、50% 多菌灵可湿性粉剂（130 克 / 亩）、80% 代森锰锌可湿性粉剂（130 克 / 亩），加水兑成适宜倍数后喷雾防治。

11. 柑橘灰霉病

症状

在柑橘花期或幼果期发生，病部褐色腐烂，上长灰色霉层，引起大量落花、落果。

柑橘灰霉病（花器）

柑橘灰霉病（幼果）

病原

柑橘灰霉病病原菌为葡萄孢(*Botrytis cinerea*)，属真菌类灰葡萄孢属。

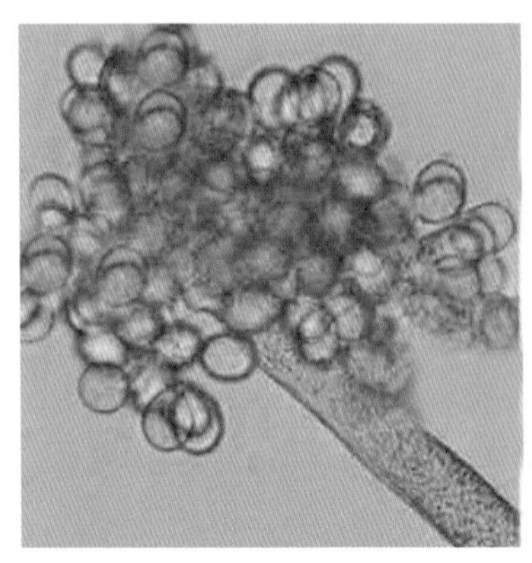

柑橘灰霉病病原菌分生孢子梗和分生孢子

发病规律

3~4 月柑橘花期遇上低温、雨季时，花瓣或幼果生长受阻，易发生灰霉病，导致植株结果率下降。病原菌以菌核和分生孢子在花器和病果上越冬，翌年春季为害花器和幼果。

防治方法

在柑橘始花期，喷药保护。可选用的药剂有 50%腐霉利可湿性粉剂（60 克 / 亩）、25%

丙环唑乳油（40 毫升 / 亩）、30% 苯醚甲环唑 · 丙环唑乳油（20 毫升 / 亩）、240 克 / 升噻呋酰胺悬浮剂（23 毫升 / 亩），加水兑成适宜倍数后喷雾防治。

12. 柑橘幼果褐腐病

症状

在柑橘幼果期，果实、果柄受堆蜡粉蚧或蚜虫为害后，果实生长受阻，且粉蚧的分泌物诱发病原菌大量繁殖而侵染整个果面，引起果实褐腐。病果上着生暗褐色霉层，后期造成大量落果。

病原

柑橘幼果褐腐病病原菌为单端孢 (*Trichothecium* sp.)，属真菌类单端孢属。

柑橘幼果褐腐病

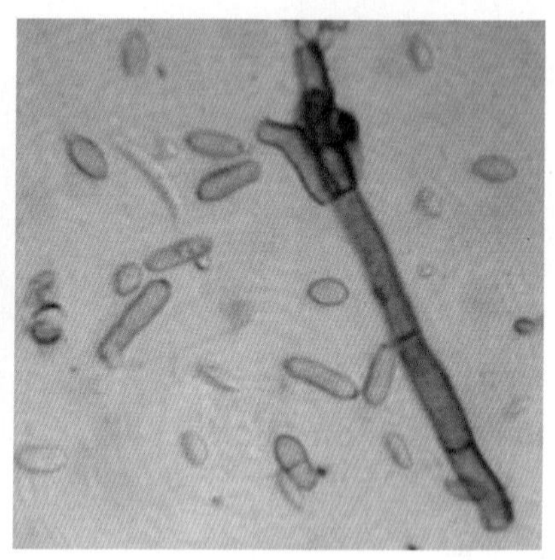

柑橘幼果褐腐病病原菌分生孢子梗和分生孢子

发病规律

柑橘幼果褐腐病为害性较弱。福橘和芦柑，以及果园管理粗放、堆蜡粉蚧和蚜虫发生多的树，幼果易发病。病原菌以菌丝体和分生孢子在病果上越冬，翌年春季为害膨大期的幼果。

防治方法

①合理密植和施肥，适当修剪，使果园通风透光良好，减轻发病。

②喷药防治蚜虫和粉蚧等害虫。在挂果的初期可选喷 10% 吡虫啉可湿性粉剂（20 克 / 亩）、25% 噻虫嗪水分散粒剂（4 克 / 亩）、25% 吡蚜酮可湿性粉剂（25 克 / 亩）喷洒治虫。

③在幼果发病初期喷药保护。可选用的药剂有 50%腐霉利可湿性粉剂（60 克 / 亩）、25% 丙环唑乳油（40 毫升 / 亩）、30% 苯醚甲环唑 · 丙环唑乳油（20 毫升 / 亩）、240 克 / 升噻呋酰胺悬浮剂（23 毫升 / 亩）等，加水兑成适宜倍数后喷雾防治。

13. 柑橘黑斑病

症状

柑橘黑斑病多发生在即将成熟的果实上，受害果面病斑黑褐色，病斑直径 2~4 毫米，边缘稍隆起，中间凹陷，其上长有很多小黑粒。一个果上可发生数个病斑，常导致落果。

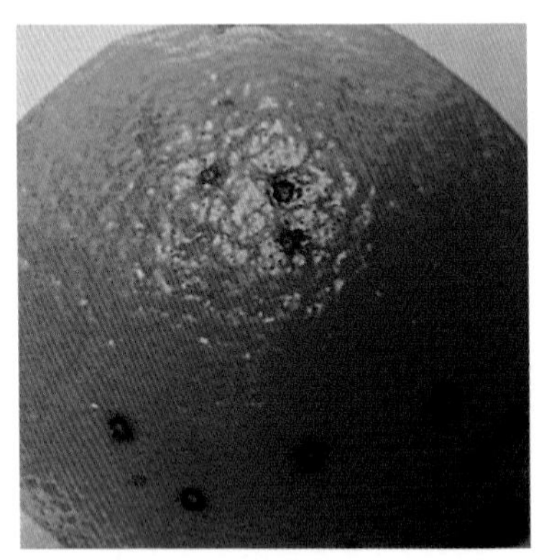
柑橘黑斑病（病果）

柑橘黑斑病（病果）

病原

柑橘黑斑病病原菌为柑橘茎点霉（*Phoma citricarpa*），属真菌类茎点霉属。

发病规律

柑橘黑斑病在高温多湿的条件下，发病严重。幼树发病较少，老龄树发病较多。管理粗放、树势衰弱的果园发病较重。一般柑类较感病，橘类次之，橙类则发病较少。

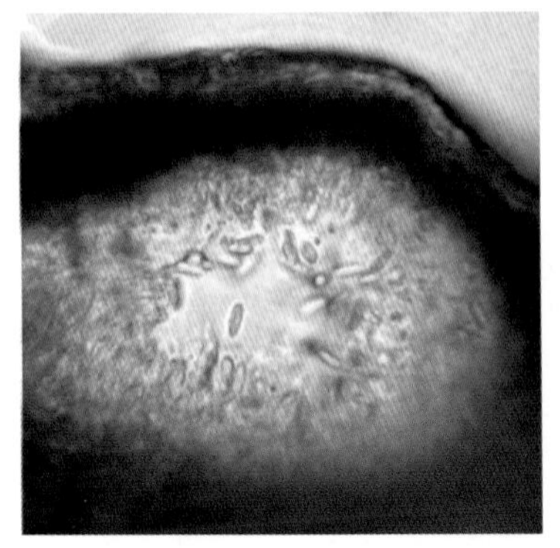
柑橘黑斑病病原菌分生孢子器

防治方法

①清洁果园。在冬季结合修剪，剪除病枝病叶，收集落叶、落果烧毁，以减少翌年初侵染菌源。

②药剂防治。在果实膨大期后喷药保护，每隔 10~15 天喷 1 次，喷 2~3 次。可选用的药剂有 10% 苯醚甲环唑水分散粒剂（50~60 克 / 亩）、25% 咪鲜胺乳油（50~60 毫升 / 亩）、250 克 / 升嘧菌酯悬浮剂（50 毫升 / 亩）、50% 多菌灵可湿性粉剂（130 克 / 亩）、80% 代森锰锌可湿性粉剂（130 克 / 亩），加水兑成适宜倍数后喷雾防治。

14. 柑橘黑腐病

症状

果实病斑近圆形或不规则形，暗褐色或黑色，病斑凹陷，湿度大时果实上着生暗褐色菌丝层。病斑不断扩大，果实后期褐腐，果肉味苦，不能食用。

柑橘黑腐病（病果）

柑橘黑腐病（病果）

病原

柑橘黑腐病病原菌为柑橘链格孢（*Alternaria citri*），属真菌类链格孢属。

发病规律

温州蜜橘和芦柑易发生。病原菌以菌丝体和分生孢子在病果上越冬，分生孢子借风雨或昆虫传播，采收时工具接触也能传播。病原菌从成熟果实伤口侵入为害。

防治方法

①防止果实受伤。采收、装运及贮藏过程中严防果实遭受机械损伤，并注意选择在晴天或露水干后采收。贮藏前剔除受伤果实。

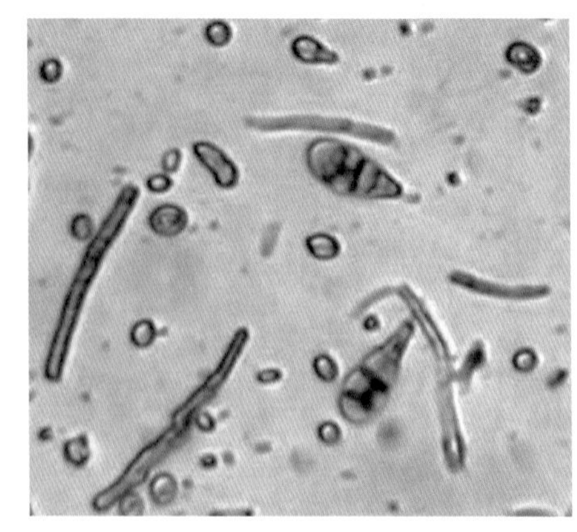
柑橘黑腐病病原菌分生孢子梗和分生孢子

②采前喷药保护和采后药剂浸果处理。选用 50%腐霉利可湿性粉剂（60 克 / 亩）、25% 丙环唑乳油（40 毫升 / 亩）、30% 苯醚甲环唑 · 丙环唑乳油（20 毫升 / 亩）、240 克 / 升噻呋酰胺悬浮剂（23 毫升 / 亩），采前喷 1 次保护。采果后可选用 42% 噻菌灵悬浮剂（3~5 毫升 / 升）、25% 抑霉唑水乳剂（2~3 毫升 / 升）、450 克 / 升咪鲜胺水乳剂（10~20 毫升 / 升），加水兑成适宜倍数后浸果防病。

15. 柑橘疫病

症状

为害柑橘果实和根颈部。主要为害即将成熟的果实，果面局部出现褐色圆形水渍状病斑，不凹陷，质软，病健组织分界不明显，后期引起整果腐烂，果面病部着生白色稀疏的霉状物。根颈部受害后产生黄褐色不规则形水渍状病斑，湿度大时病部溢出胶液，后期病部干缩、开裂，露出木质部。

柑橘疫病（病果）

柑橘疫病（病果剖切面）

柑橘疫病（受害根颈部）

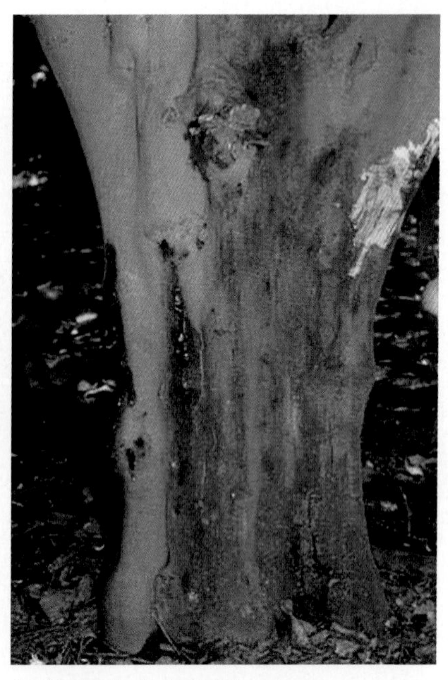

柑橘疫病（受害树干部）

病原

柑橘疫病病原菌为鞭毛菌亚门的疫霉菌 (*Phytophthora citriophthora*)，属卵菌类疫霉属。

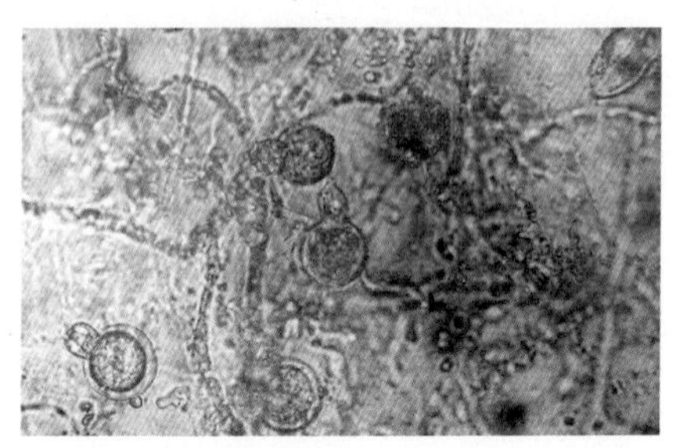

柑橘疫病病原菌

发病规律

病原菌以菌丝体和卵孢子在病果和病树干上越冬，翌年春季产生孢子囊和游动孢子，通过风雨、昆虫传播，引起发病。10~11 月柑橘果实成熟时发生较重，柚类发生多。

防治方法

①加强果园管理。结合修剪清除病果，并带出果园烧毁，减少病源。

②早期发现病果立即摘除处理。根颈部受害，采用刮除病皮后喷药防治，以防蔓延。可选用的药剂有 50% 烯酰吗啉可湿性粉剂（15 克 / 亩）、687.5 克 / 升霜霉威盐酸盐 · 氟吡菌胺悬浮剂（65 毫升 / 亩）、72% 霜脲氰 · 代森锰锌可湿性粉剂（150 克 / 亩）等，加水兑成适宜倍数后喷雾防治。

16. 柑橘青霉病、绿霉病

症状

柑橘青霉病、绿霉病是贮藏期果实主要病害，果实受害后引起大量烂果。初期呈水渍状软腐，数日后病部产生白色霉状物，随后在白色霉状物中部产生青色或蓝绿色粉状物。两病的症状区别如下：青霉病产生的粉状物呈蓝色，白色霉状物很窄，仅1~2毫米，腐烂的速度较慢，不粘包果纸，有一股发霉气味；绿霉病产生的粉状物呈蓝绿色，白色霉状物带较宽，8~18毫米，腐烂速度较快，紧粘包果纸，有芬香气味。

柑橘青霉病（果实受害前期）

柑橘青霉病（果实受害中后期）

柑橘青霉病（果实受害后期）

柑橘青霉病（贮藏期）

柑橘绿霉病（果实受害前中期）

柑橘绿霉病（果实受害后期）

柑橘绿霉病（田间）

柑橘绿霉病（贮藏期）

病原

柑橘青霉病病原菌为意大利青霉（*Penicillium italicum*），属真菌类意大利青霉属；柑橘绿霉病病原菌为指状青霉（*Penicillium digitatum*），属真菌类指状青霉属。

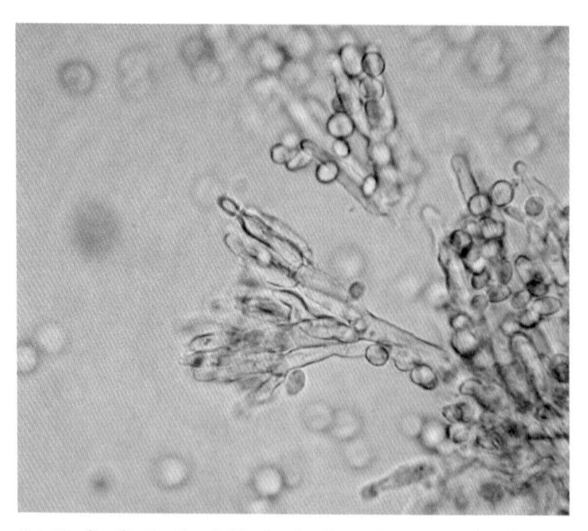

柑橘青霉病病原菌分生孢子梗和分生孢子

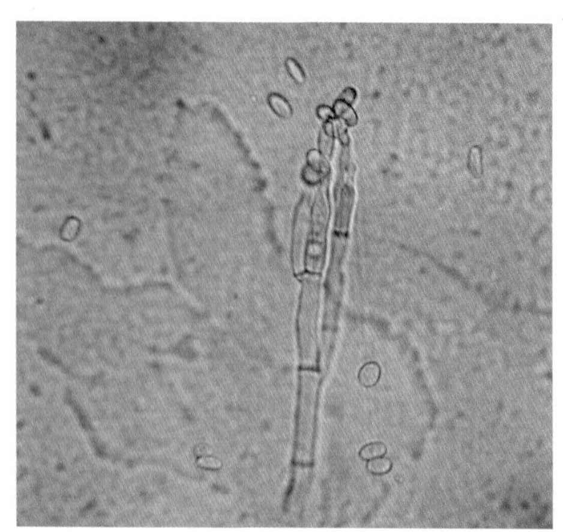

柑橘绿霉病病原菌分生孢子梗和分生孢子

发病规律

青霉菌和绿霉菌可以在各种有机物质上营腐生生长，并产生大量分生孢子扩散到空气中，靠气流传播。病原菌萌发后必须通过果皮上的伤口才能侵入为害，引起果腐。绿霉菌对温度的要求比青霉菌略高，所以柑橘在贮藏初期多发生青霉病。到贮藏后期，库内温度增高，绿霉病则发生较多。

防治方法

①防止果实受伤。在果实采收、装运及贮藏过程中要防止果实遭受机械损伤。

②药剂浸果处理。采果后选用 42% 噻菌灵悬浮剂（3~5 毫升 / 升）、25% 抑霉唑水乳剂（2~3 毫升 / 升）、450 克 / 升咪鲜胺水乳剂（10~20 毫升 / 升），加水兑成适宜倍数后浸果防腐。

③采用塑料薄膜单果包装保鲜。

④贮藏库消毒。果实进库前，库房用硫磺粉 5~10 克 / 米 ^{3}，密闭熏蒸 3~4 天，然后开门窗药气散后方可入库贮藏。

⑤控制库房温度、空气湿度。库房要求温度 2~8 ℃，空气相对湿度 80%~85%，并注意通风换气。

17. 柑橘酸腐病

症状

柑橘酸腐病是柑橘采后一种常见的病害。果实受侵染后，病部初呈水渍状软化，呈褐色，后逐渐扩大至全果腐烂，流出酸臭汁液，表面长有致密的白色霉层（病原菌分生孢子）。

柑橘酸腐病（病果）

柑橘酸腐病（贮藏期）

病原

柑橘酸腐病病原菌为白地霉（*Geotrichum candidum*），属真菌类地霉属。

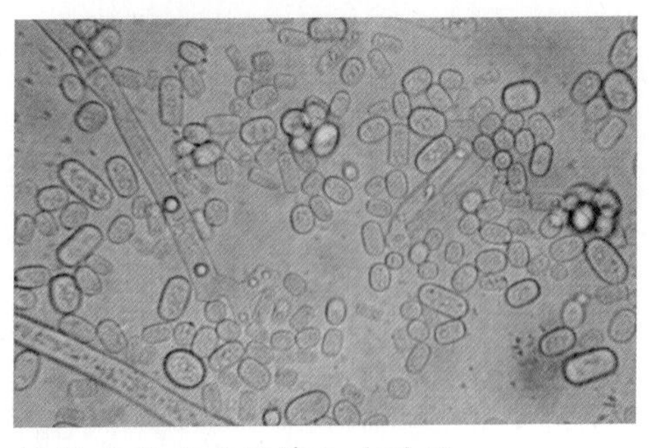
柑橘酸腐病病原菌分生孢子

发病规律

病原菌分生孢子借风雨或昆虫传播，采收时工具接触也能传播。病原菌从伤口侵入。高温、高湿、缺氧，以及果实有伤口，都有利于发病。吸收式口器害虫发生多的果园，采后发病较重。薄膜袋贮藏发病较多。贮藏时间越长，发病越多。柠檬、甜橙和酸橙易发病，橘类次之。

防治方法

①防止果实受伤。采收、装运及贮藏过程中严防果实遭受机械损伤，并注意选择在晴天或露水干后采收。贮藏前剔除受伤果实。

②喷药防虫。采前喷低毒的杀虫剂，防治吸果夜蛾类、角肩蝽等吸收式口器害虫。

③药剂浸果处理。采果后可选用42%噻菌灵悬浮剂（3~5毫升/升）、25%抑霉唑水乳剂（2~3毫升/升），加水兑成适宜倍数后浸果防病。

18. 柑橘蒂腐病

症状

多发生在果实采收后，病原菌从果柄及蒂部伤口侵入。发病初期果蒂周围的果皮出现浅褐色水渍状软腐病斑，后期病部呈暗紫褐色，极软，果皮易破裂，病果“穿心烂”。

柑橘蒂腐病（病果前期）

柑橘蒂腐病（病果后期）

柑橘蒂腐病（病果后期）

病原

柑橘蒂腐病病原菌为球二孢菌（*Diplodia natalensis*），属真菌类球二孢菌属。

发病规律

病原菌在枯死的病枝梢、病果上越冬，成为翌年的侵染菌源。病原菌通过雨滴溅散到果实上，并潜伏在萼洼与果皮之间，在适宜的条件下，通过伤口（特别是

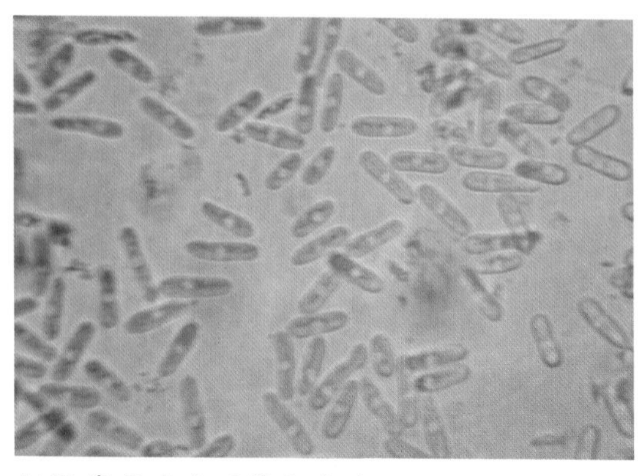

柑橘蒂腐病病原菌分生孢子

果蒂剪口）侵入。贮藏运输期间，温度高、湿度大，容易发病。

防治方法

①加强栽培管理。适当修剪，务必剪除树上的病枝、病果，减少病害的初侵染菌源。

②药剂浸果处理。采果后可选用 42% 噻菌灵悬浮剂（3~5 毫升 / 升）、25% 抑霉唑水乳剂（2~3 毫升 / 升）、450 克 / 升咪鲜胺水乳剂（10~20 毫升 / 升），加水兑成适宜倍数后浸果防病。

19. 柑橘立枯病

症状

在柑橘苗期发生，病原菌侵染根颈部，病部初出现褐色水渍状斑块，后逐渐扩大，致使病部缢缩，或叶片自上向下萎蔫，黄化脱落，直至柑橘苗全株枯死。病部可见白色菌丝体，后期病部可见灰色或褐色油菜籽状小菌核。

病原

柑橘立枯病病原菌为立枯丝核菌（*Rhizoctonia solani*），属真菌类丝核菌属。

柑橘苗立枯病（根颈部）

柑橘苗立枯病病原菌

发病规律

立枯丝核菌以菌丝或菌核在土壤及病残体组织中越冬，菌丝体可在土中营腐生生活 2~3 年以上。柑橘立枯病主要靠病苗和土壤带菌传播，而果园内多因土壤接触和人为操作带菌传染。苗地排水不良、透光不好时容易发病。

防治方法

①加强栽培管理。增施有机肥，注意中耕、排水，促进根系发育，提高植株抗病能力。

②育苗地要更新。旧苗地要与其他作物轮作，减少土壤病原菌。

③药剂防治。柑橘立枯病早期难以发现，因此，若发现病树应及时挖掉，彻底清除病根和周围的病土，撒上石灰。病株和四周健康树，可选用 25% 咪鲜胺乳油（50~60 毫升 / 亩）、15% 恶霉灵水剂（6 千克 / 亩）、70% 甲基硫菌灵可湿性粉剂（120 克 / 亩）、240 克 / 升噻呋酰胺悬浮剂（23 毫升 / 亩），加水兑成适宜倍数后喷淋根颈部保护。

20. 柑橘膏药病

症状

柑橘主干或侧枝被侵染后，病干外表附生一层白色或赤色菌丝，呈膏药状。严重时树皮裂开、剥落，呈溃疡状，最终导致落叶、侧枝枯死。

柑橘膏药病（病枝干）

病原

柑橘膏药病病原菌为担子菌亚门的隔担耳菌（*Septobasidium* sp.），属真菌类担子菌属。

发病规律

主要为害枝干的皮层。病原菌孢子于春季借风雨传播，附着于枝干表皮萌发、生长。柑橘膏药病病原菌以蚜虫、介壳虫和粉虱等害虫的分泌物为养料，因此，介壳虫发生多的果园、管理粗放的老果园病害重。低洼、荫蔽潮湿的果园也容易发病。

柑橘膏药病病原菌

防治方法

①喷药杀虫。冬、春季清园时用杀虫剂防治蚜虫和介壳虫。

②加强栽培管理。适当修剪过密枝条，以利通风透光，减少果园湿度。田间一旦发现被害枝条，应立即剪除并烧毁，以减少病源。

③在 3~4 月间喷药保护。可选用 77%氢氧化铜可湿性粉剂（50 克 / 亩）、25% 咪鲜胺乳油（50~60 毫升 / 亩）、70% 甲基硫菌灵可湿性粉剂（120 克 / 亩），加水兑成适宜倍数后喷雾防治。

21. 柑橘根结线虫病

症状

柑橘根结线虫为害柑橘根部，病原线虫寄生根部后使根组织细胞过度增长，

柑橘根结线虫病（病根）

柑橘根结线虫病（病树）

形成大小不等的根瘤。感染严重时，可出现次生根瘤，产生大量小根。病根坏死，水分输送受影响，树势衰退，叶色发黄，无光泽，结果少，果实小。最后叶片大量脱落，以致全株枯死。

病原

柑橘根结线虫病病原菌为花生根结线虫（*Meloidogyne avenaria*），为线形动物门根结线虫属。

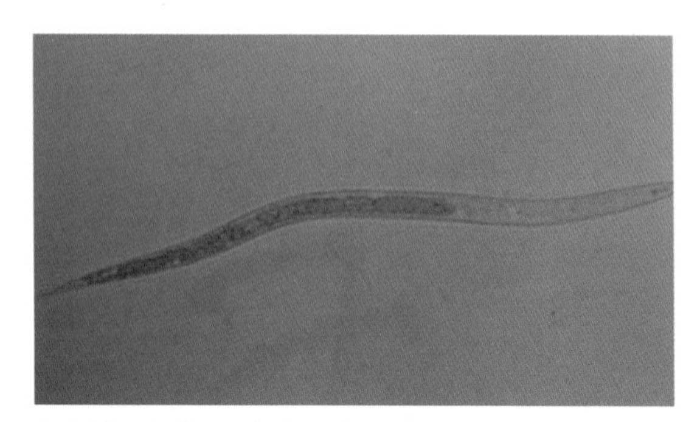

柑橘根结线虫（雄虫）

发病规律

柑橘根结线虫病在沙壤土上发病较重，而黏质土发病较轻。栽培管理好的果园，柑橘树生长旺盛，发病较轻；管理粗放的果园，树体生长不良，则发病较重。常见品种都易感病。柑橘根结线虫能在土壤和病根上越冬生存，因此，带病的苗木和土壤是初侵染病源。

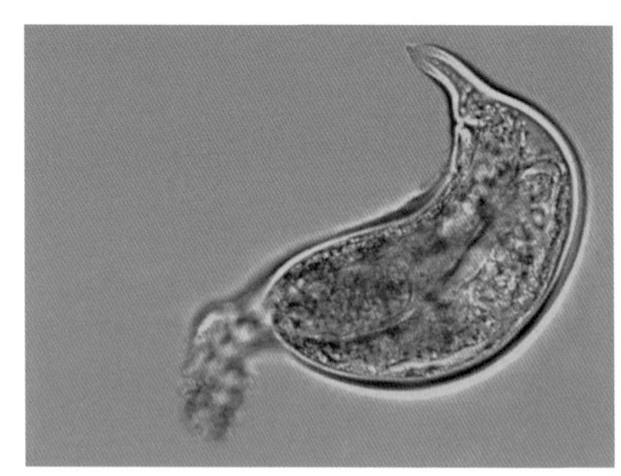

柑橘根结线虫（雌虫）

防治方法

①加强水肥管理。对病树要加强水肥管理，增强树势，以提高抗病、耐病能力。

②柑橘苗处理。对带病苗木用48℃热水浸根15分钟或用1.8%阿维菌素乳油（30毫升/亩）蘸根，均可达到杀死根瘤内线虫的效果。

③病树处理。每年2月份，首先把病树树冠下的表土扒开15厘米深，挖除病根和须根团，然后将杀线剂均匀地撒在土表面，重新将土壤覆盖踏实。杀线剂可选用10%噻唑磷颗粒剂（1千克/亩）、1.8%阿维菌素乳油（30毫升/亩），加水兑成适宜倍数后喷洒或撒施病树根部。

22. 柑橘裂果病

症状

各地柑橘普遍发生，是柑橘壮果期的重要生理病害之一，常造成大果裂果。一般从脐部开始，沿子房线向果蒂方向纵裂。果实裂果后容易腐烂和脱落。

柑橘裂果病（芦柑病果）

柑橘裂果病（雪柑病果）

病因

柑橘裂果病为生理性病害。8~9 月壮果期，果实膨大迅速，此时如遇久旱后突降大雨，果实过度吸收水分，果肉细胞膨大加速，果皮不能相应地快速增长而被胀裂，从而露出果肉和果核。

发病规律

柑橘裂果病与品种关系密切，温州蜜橘、芦柑和雪柑易发生裂果。土壤贫瘠、橘树生长不良的果园发生较为严重。

防治方法

①加强水肥管理。增施钾肥，增强树势。种植不易发生裂果的品种，如脐橙。采用果实套袋，对防止裂果有良好的效果。

②土壤种植绿肥。种植平托花生、圆叶决明等绿肥，可起到保水增肥的作用，也能减少裂果的发生。

③喷药预防。在果皮转淡绿色时喷布乙烯利（0.1 克 / 升），有明显的预防裂果发生的作用，且可促使果实提早成熟。

23. 柑橘日灼病

症状

果实膨大期，由于受高温、烈日照射，引起果皮灼伤，造成果皮、果肉局部细胞失水焦枯，形成黄褐色凹陷的焦灼干疤，降低商品价值。

柑橘日灼病（病果）

柑橘日灼病（病果）

病因

柑橘日灼病为生理性病害。 在高温、烈日直射下，阳面果实表面及果肉遭日灼造成局部失绿，细胞失水焦枯、凹陷。

发病规律

柑橘日灼病多发生在 8~9 月高温天气。西向坡植株的果实易遭受烈日直射，发病率相对较高。福橘和芦柑叶小、果实外生，容易受到烈日照射而引起果皮灼伤；早生型的温州蜜柑发病率高，芦柑次之。树势强，枝叶茂盛，发病较轻；反之，发病较重。

防治方法

①建好园，选好种。避免在西向坡建园，选择抗日灼品种，如雪柑、甜橙等。

②加强管理，提高树势。合理疏花疏果，减少西面着生果实。果实采用套袋

保护，避免阳光直射。

③选择适宜的时间喷水。有喷灌设施的柑橘园，在上午 11 时之前开始喷水降温，以减少发病。

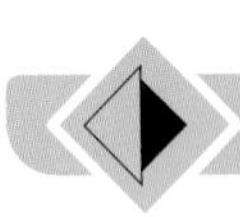

三、主要虫害诊治

1. 凤蝶类

凤蝶为鳞翅目凤蝶科害虫，为害柑橘的凤蝶主要有玉带凤蝶（*Papilio polytes*）、达摩凤蝶（*PaPilio demoleus*）、柑橘凤蝶（*Papilio xuthus*）和穹翠凤蝶（*Papilio dialis*）。凤蝶幼虫咬食叶片和新梢而形成缺刻，严重时叶片被吃光，是柑橘苗木和幼树的重要害虫。

形态特征

玉带凤蝶：成虫体长 28~30 毫米，体黑色。雄蝶前后翅均黑色，前翅外缘有 7~9 个黄色斑点，后翅中央横列 7 个大型黄白斑，燕尾突明显。卵球形，黄色。

玉带凤蝶雄虫

玉带凤蝶雄虫腹面

玉带凤蝶雌虫

玉带凤蝶雌虫腹面

玉带凤蝶卵

玉带凤蝶低龄幼虫

玉带凤蝶幼虫

玉带凤蝶幼虫

玉带凤蝶幼虫及为害状

玉带凤蝶老熟幼虫

玉带凤蝶蛹

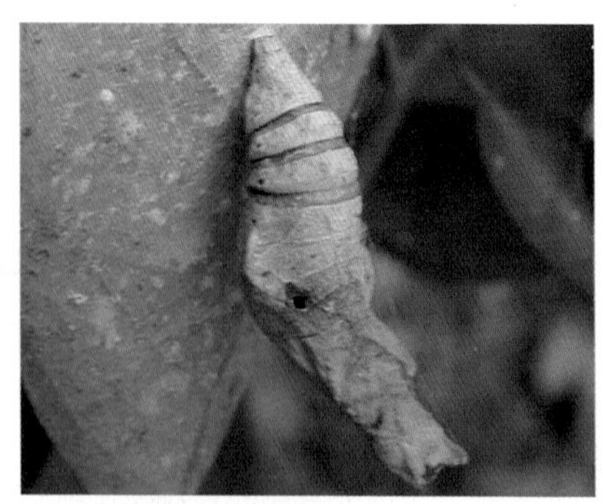
玉带凤蝶蛹被寄生

玉带凤蝶蛹寄生蜂

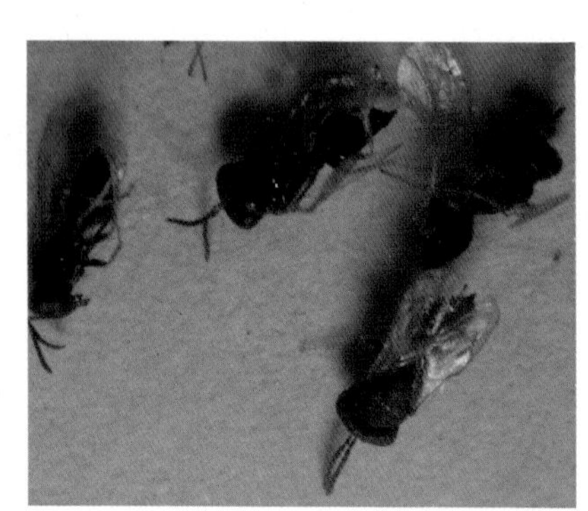
玉带凤蝶蛹寄生蜂（金小蜂）

低龄幼虫黑褐色，多肉质刺突，似鸟粪状。老熟幼虫深绿色，后胸前缘有 1 齿状黑线纹，两侧各有黑色眼斑。腹部两侧有 4 道灰黑色宽斜纹。被蛹灰黄或绿色，头部有两个突起较长，呈“V”形。

达摩凤蝶：成虫体长约 32 毫米。翅面黑色，斑点黄色，后翅臀角附近有 1 个橙红色半月形斑，前角内方有 1 个蓝色半圆形斑。卵圆球形，淡黄色，表面光滑。老熟幼虫绿色，有明显的黑斑，第 7 及第 8 腹节背面各有 1 对黑点，后胸有 2 个带状横纹，腹部有 2 条斜纹，斜纹顶端着生圆形黑点，处于节中央。蛹有绿色、褐色两型，头顶及中胸中央各有 1 对短突起。

达摩凤蝶雌雄交尾

达摩凤蝶雄虫

达摩凤蝶雄虫腹面

柑橘凤蝶：成虫体长约27毫米。翅黑色，斑纹黄色。前翅近基部的中室内有4条放射状的黄线，翅中部有7个横列的黄斑，外缘有8个月牙斑。后翅基半部中室及外周环列黄斑，外缘有6个月牙斑，臀角有1个橙黄色圆斑，其中心黑色。卵球形，黄色。老熟幼虫黄绿色，后胸两侧眼斑明显，眼斑间有深褐色带相连。体侧气门下方有1列白斑。蛹绿色，腹面带白色，头部有2个突起较短，中间凹不很深，胸背角突长而尖。

柑橘凤蝶雌虫

柑橘凤蝶雄虫正面

柑橘凤蝶雄虫背面

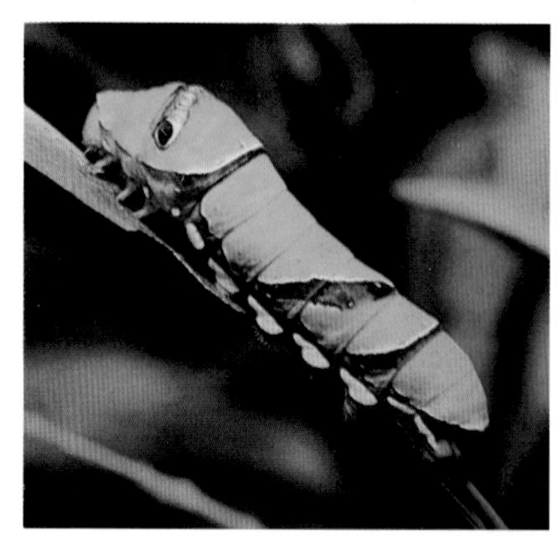

柑橘凤蝶幼虫

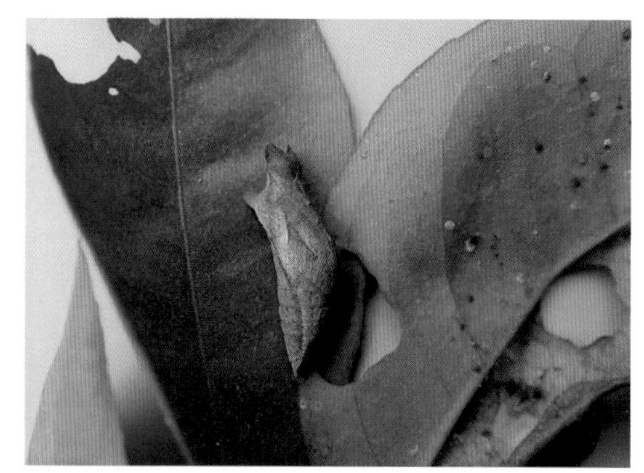

柑橘凤蝶蛹

穹翠凤蝶：成虫体长约 53 毫米。翅黑色，满布青绿色或草黄色鳞。前翅多浅色条，后翅较浓黑，外缘有 6 个粉红色飞鸟形斑，多不明显，臀角红斑环形。反面同正面，但斑纹较正面清晰明显。蛹有绿色、褐色两型，头部的 1 对突起内缘有锯齿，末端圆，向内侧弯曲。

穹翠凤蝶雄虫正面

穹翠凤蝶雄虫背面

生活习性

为害柑橘的各种凤蝶习性基本相似，田间常混合发生。福建每年发生 5~6 代，以蛹在叶背或枝条上越冬。第 2 年早春羽化为成虫，4 月第 1 代幼虫开始为害，5~10 月发生最为严重，春、夏、秋各梢期陆续受到不同程度的为害。卵散产于枝梢嫩叶上。低龄幼虫鸟粪状，老熟幼虫吐丝固定尾端，系住身体附着在枝条上化蛹。

防治方法

①人工捕杀害虫。

②保护和释放害虫天敌。在果园种植显花植物，保护蛹寄生蜂等天敌。

③药剂防治。可选用 48% 毒死蜱乳油（100 毫升 / 亩）、50% 杀螟硫磷乳油（100 毫升 / 亩）、22% 氰氟虫腙悬浮剂（40 毫升 / 亩）、20% 氯虫苯甲酰胺悬浮剂（10 毫升 / 亩）、20% 氟虫双酰胺水分散粒剂（10 克 / 亩）、5% 甲氨基阿维菌素苯甲酸盐水分散粒剂（20 克 / 亩）、1.8% 阿维菌素乳油（30 毫升 / 亩）、15% 茚虫威悬浮剂（16 毫升 / 亩）、8000 国际单位 / 毫克苏云金杆菌可湿性粉剂（200 克 / 亩）等，加水兑成适宜倍数后喷雾防治。

2. 潜叶蛾

潜叶蛾（*Phyllocnistis citrella*），为鳞翅目潜叶蛾科害虫。以幼虫潜入嫩叶、嫩梢的表皮下蛀食叶肉，形成不规则的银白色隧道，导致叶片畸形卷曲，严重影响光合作用。潜叶蛾为害叶片所造成的伤口易引发溃疡病。

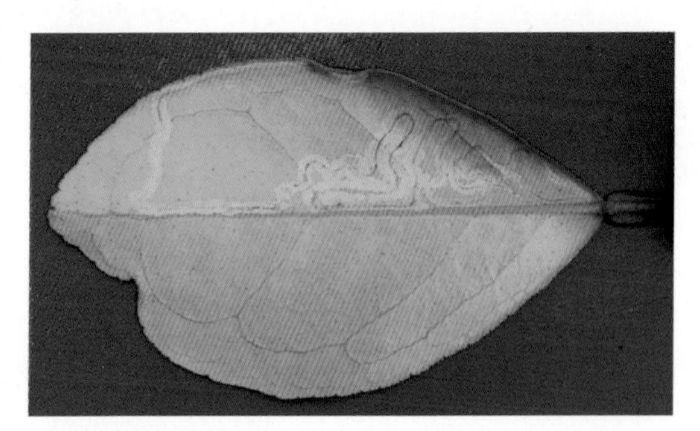

潜叶蛾为害叶片

潜叶蛾为害柚叶

潜叶蛾为害果实

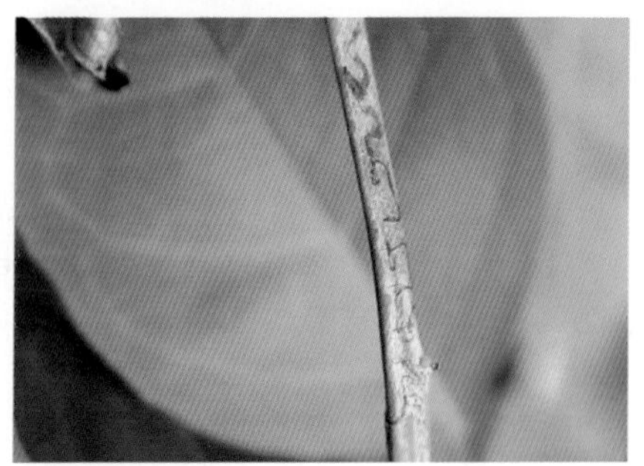

潜叶蛾为害枝干

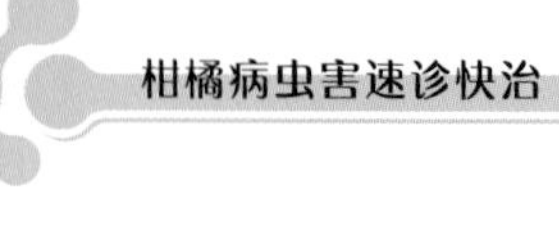

潜叶蛾为害引起卷叶

潜叶蛾为害引起溃疡病

形态特征

成虫小型，翅展约 5.0 毫米。全体银白色。翅狭长，前翅基部有 2 条褐色纵纹，中部有黑色“Y”字纹，末端缘毛上有 1 个黑色圆斑。卵椭圆形。幼虫黄绿色，无足，体扁平，梭形尖细，老熟时末端有 1 对细长的尾状物。化蛹于叶缘，被蛹梭形、黄褐色。

潜叶蛾成虫

潜叶蛾幼虫

潜叶蛾蛹

生活习性

福建1年发生15代，田间世代重叠，主要是以蛹越冬。从3月初至11月底在田间均可发现幼虫为害嫩叶，但在夏秋季发生最盛，对夏梢和秋梢的为害最严重。成虫产卵于嫩叶背面中脉附近，幼虫孵出后即由卵底面潜入叶表皮下取食叶肉，形成无规则的隧道。老熟幼虫将叶缘折起包围身体，并吐丝结茧，化蛹其中。

防治方法

①做好枝梢管理。采取“抹芽控梢，成虫低峰期统一放梢，适时喷药保梢”等综合措施。抹芽控制夏梢和早发的秋梢，切断虫源。

②应用性诱剂或诱虫灯诱捕成虫。

③保护和释放害虫天敌。在果园种植显花植物，保护蛹寄生蜂等天敌。

④药剂防治。可选用48%毒死蜱乳油100（毫升/亩）、50%杀螟硫磷乳油（100毫升/亩）、22%氰氟虫腙悬浮剂（40毫升/亩）、20%氯虫苯甲酰胺悬浮剂（10毫升/亩）、20%氟虫双酰胺水分散粒剂（10克/亩）、5%甲氨基阿维菌素苯甲酸盐水分散粒剂（20克/亩）、1.8%阿维菌素乳油（30毫升/亩）等，加水兑成适宜倍数后喷雾防治。

3. 卷叶蛾类

卷叶蛾为鳞翅目卷蛾科害虫，常见的有拟小黄卷叶蛾（*Adoxophyes cyrtosema*）和褐带长卷叶蛾（*Homona coffearia*），以幼虫卷叶、食叶为害，并蛀食果实引致落果。

拟小黄卷叶蛾为害状（食叶、卷叶）

拟小黄卷叶蛾为害状（卷叶）

形态特征

拟小黄卷叶蛾：成虫体黄色，体长约 8 毫米，前翅黄褐色，中带为黑褐色的“人”字斑纹，顶角有深褐色的三角形斑。雄蛾前翅后缘近基角处有一长方形的黑褐色斑。后翅淡黄色。卵椭圆形，淡黄色，卵块排列如鱼鳞状。末龄幼虫黄绿色。被蛹黄褐色，腹末端有 8 根钩刺。

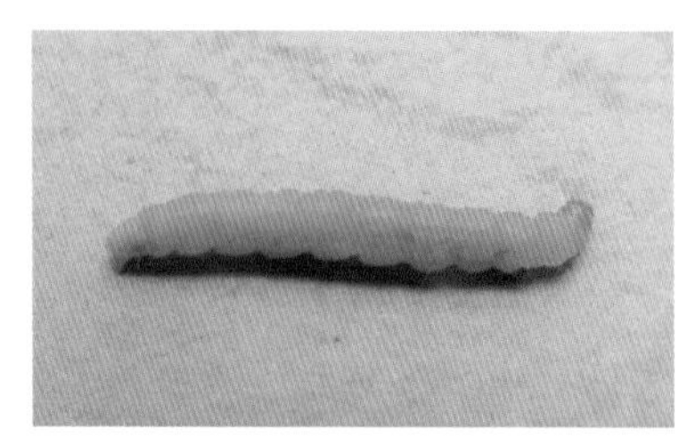

拟小黄卷叶蛾幼虫

拟小黄卷叶蛾幼虫

拟小黄卷叶蛾成虫

褐带长卷叶蛾：成虫体暗褐色，体长 6~10 毫米。前翅黄褐色，黑褐色的中带由前缘斜向后缘，基部黑褐色。后翅淡黄色。静止时两翅合拢如钟形。卵椭圆形，淡黄色。卵块排列如鱼鳞状。老熟幼虫黄绿色，头及前胸背板黑褐色。腹末节具梳状的臀栉。蛹黄褐色，腹末端有粗细不一的 8 根钩刺。

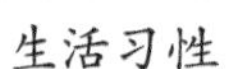

生活习性

拟小黄卷叶蛾：在福建 1 年发生 7 代，以幼虫在卷叶包内越冬。第 1 代幼虫 5 月蛀害幼果，引起落果。幼虫除蛀果外，开花期亦蛀食

褐带长卷叶蛾雌雄成虫

褐带长卷叶蛾幼虫　　褐带长卷叶蛾蛹

花蕾。第 2 代幼虫 6 月以后转而为害嫩叶。

褐带长卷叶蛾：在福建 1 年发生 6 代，以幼虫在柑橘树、荔枝树卷叶中越冬。成虫产卵于叶上。第 1 代幼虫于 5~6 月为害柑橘幼果，1 龄幼虫在果面上咬食幼果表皮，直接吐丝黏附果面。第 2 代幼虫于 6~7 月发生，这一代及以后各代喜食嫩叶，幼虫吐丝将三五叶片牵结成包，在其中取食叶肉，仅留一层薄膜或吃叶成缺刻。9 月间为害成熟果实，造成落果。

防治方法

① 冬季清园。修剪虫枝，清除卷叶、枯叶，减少越冬虫口基数。

②应用性诱剂或诱虫灯诱捕成虫。

③保护和释放害虫天敌。在果园种植显花植物，保护蛹寄生蜂等天敌。

④药剂防治。抓准卵盛孵期，选用 48% 毒死蜱乳油（100 毫升 / 亩）、50% 杀螟硫磷乳油（100 毫升 / 亩）、22% 氰氟虫腙悬浮剂（40 毫升 / 亩）、20% 氯虫苯甲酰胺悬浮剂（10 毫升 / 亩）、20% 氟虫双酰胺水分散粒剂（10 克 / 亩）、5% 甲氨基阿维菌素苯甲酸盐水分散粒剂（20 克 / 亩）、1.8% 阿维菌素乳油（30 毫升 / 亩）等，加水兑成适宜倍数后喷雾防治。

4. 油桐尺蠖

油桐尺蠖（*Buzura suppressaria*）为鳞翅目尺蛾科害虫，为害柑橘、油桐和茶等经济作物。幼虫咬食叶片，大发生时可把整片柑橘园的叶片吃光，仅余秃枝，严重影响柑橘生长。

形态特征

雌成虫体长 24~25 毫米，雄成虫体长约 23 毫米。体翅均灰白色，密布灰黑色小点。卵椭圆形，蓝绿色，常数百粒聚集成堆，上覆有少量黄色绒毛。幼虫色泽随环境而不同，有深褐、灰绿、青绿、灰褐等色。蛹深褐色，头顶有黑褐色小突起1对。

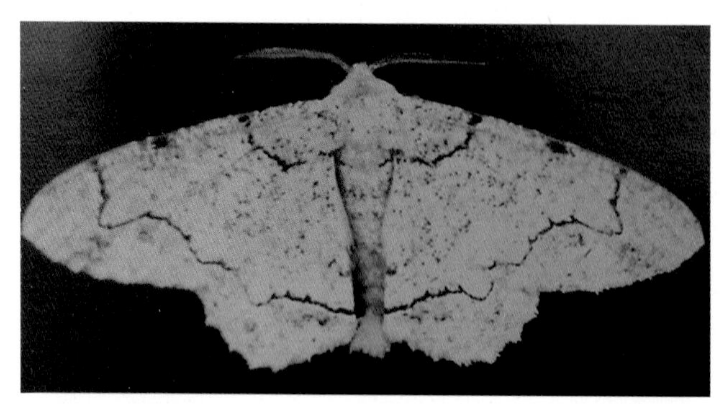
油桐尺蠖成虫

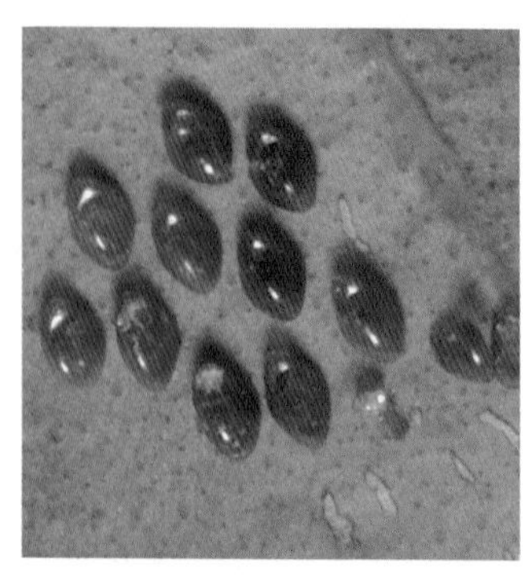
油桐尺蠖卵

油桐尺蠖低龄幼虫

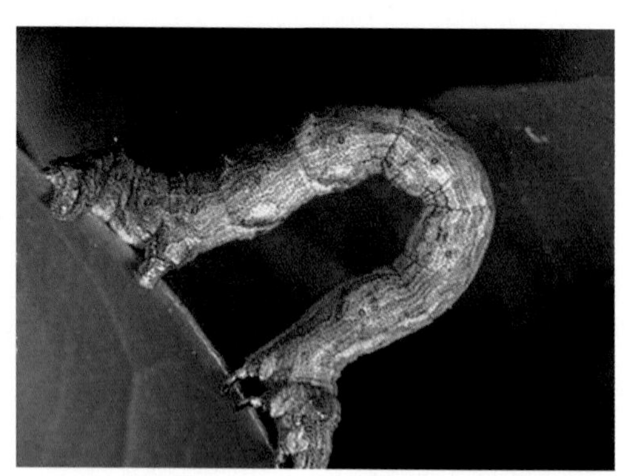
油桐尺蠖老熟幼虫

油桐尺蠖老熟幼虫

油桐尺蠖幼虫拟态

生活习性

1 年可发生 3 代，以蛹在柑橘根际表土中越冬。4 月初羽化、产卵，第 1 代幼虫发生于 4 月中旬至 5 月下旬。卵成堆产于柑橘叶背，初孵幼虫迅速爬行或吐丝下垂随风飘荡扩散为害，老熟后爬至根际松土 2~6 厘米深处化蛹。

防治方法

①人工捕杀成虫。成虫盛发期，尤其是越冬代羽化盛期（4~5 月），清晨在成虫静伏的场所捕捉成虫。

②消灭蛹。各代蛹期，特别是越冬蛹期，结合耕作管理，可消灭部分蛹。

③应用性诱剂或诱虫灯诱捕成虫。

④保护和释放害虫天敌。在果园种植显花植物，保护蛹寄生蜂等天敌。

⑤药剂防治。可选用 48% 毒死蜱乳油（100 毫升 / 亩）、50% 杀螟硫磷乳油（100 毫升 / 亩）、22% 氰氟虫腙悬浮剂（40 毫升 / 亩）、20% 氯虫苯甲酰胺悬浮剂（10 毫升 / 亩）、20% 氟虫双酰胺水分散粒剂（10 克 / 亩）、5% 甲氨基阿维菌素苯甲酸盐水分散粒剂（20 克 / 亩）、1.8% 阿维菌素乳油（30 毫升 / 亩）、15% 茚虫威悬浮剂（16 毫升 / 亩）、8000 国际单位 / 毫克苏云金杆菌可湿性粉剂（200 克 / 亩）等，加水兑成适宜倍数后喷雾防治。

5. 茶蓑蛾

茶蓑蛾（*Clania minuscula*）又名布袋虫，为鳞翅目蓑蛾科害虫。幼虫集中取食叶片，咬叶成孔洞和缺刻，数量多时可将叶片全部吃光，仅存秃枝，也取食嫩枝皮层和幼果皮。

形态特征

雌雄异态。雌成虫蛆状，无翅，体长 12~16 毫米，黄褐色，后胸和腹部第 7 节各簇生一环黄白色茸毛。雄成虫体长约 13 毫米，体翅均深褐色，胸腹部密被鳞毛，前翅近外缘有 2 个透明斑。卵椭圆形，乳黄白色。幼虫紫褐色，老熟幼虫腹部各节有黑色小突起 4 个，排成“八”字形。雄蛹咖啡色，雌蛹蛆状。护囊纺锤形，枯褐色，囊外缀结平行排列的寄主植物小枯枝梗。

生活习性

茶蓑蛾在福建 1 年发生 1 代，以幼虫躲在护囊内越冬。翌年春活动取食为害。老熟幼虫先在囊内倒转虫体，头部向下，而后在囊内化蛹。幼虫活动取食时，头、

茶蓑蛾护囊

茶蓑蛾护囊

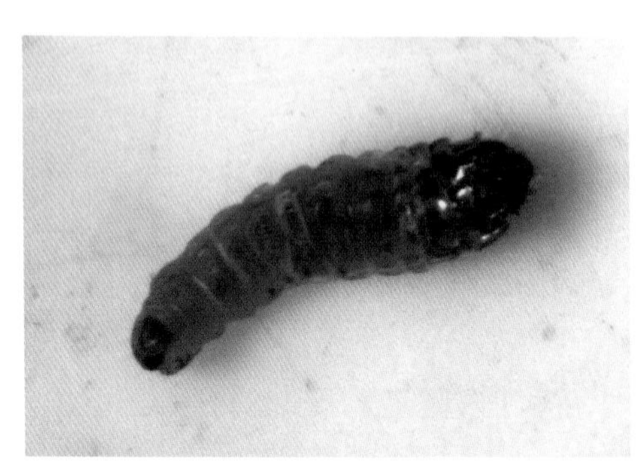
茶蓑蛾幼虫

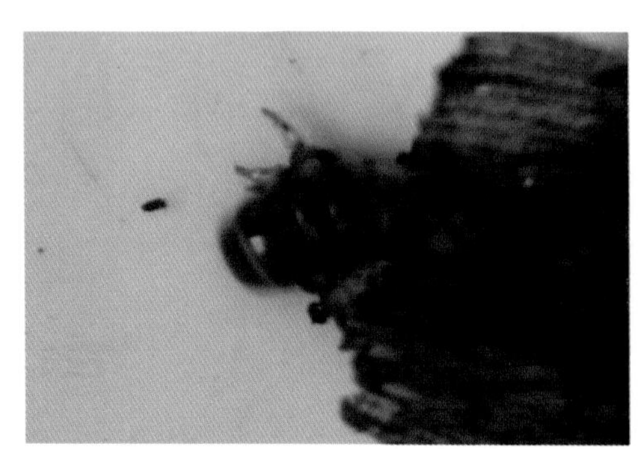
茶蓑蛾蛹

胸伸出护囊行进。夏季为害最烈，11 月以后幼虫封囊越冬。

防治方法

①人工摘除护囊。茶蓑蛾虫口比较集中，为害状明显，易于发现和摘除护囊。注意保护寄生蜂天敌。

②应用性诱剂或诱虫灯诱捕成虫。

③保护和释放害虫天敌。在果园种植显花植物，保护蛹寄生蜂等天敌。

④药剂防治。可选用 48% 毒死蜱乳油（100 毫升 / 亩）、50% 杀螟硫磷乳油（100 毫升 / 亩）、22% 氰氟虫腙悬浮剂（40 毫升 / 亩）、20% 氯虫苯甲酰胺悬浮剂（10 毫升 / 亩）、20% 氟虫双酰胺水分散粒剂（10 克 / 亩）、5% 甲氨基阿维菌素苯甲酸盐水分散粒剂（20 克 / 亩）、1.8% 阿维菌素乳油（30 毫升 / 亩）、15% 茚虫威悬浮剂（16 毫升 / 亩）、8000 国际单位 / 毫克苏云金杆菌可湿性粉剂（200 克 / 亩）等，加水兑成适宜倍数后喷雾防治。

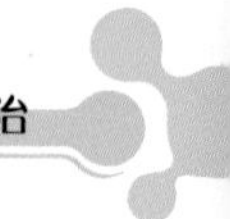

6. 大蓑蛾

大蓑蛾雄成虫

大蓑蛾（*Clania variegata*）为鳞翅目蓑蛾科害虫。幼虫集中取食叶片，咬叶成孔洞和缺刻，数量多时可将叶片全部吃光，仅存秃枝，也取食嫩枝皮层和幼果皮。

形态特征

雌雄异态。雌成虫无翅、蛆形，雄成虫有翅。幼虫有护囊。雌成虫体长约 25 毫米，体黄白色，多绒毛。雄成虫体长 15~17 毫米，黑褐色，前翅有 4~5 个透明斑。卵椭圆形，淡黄色。幼虫黑褐色。雄蛹暗褐色，囊外附 1~2 片枯叶，有时附少数枝梗，丝质较疏松。

大蓑蛾护囊

大蓑蛾蛹

生活习性

大蓑蛾 1 年发生 1 代，以幼虫躲在护囊内越冬。翌年春活动取食为害。雌成虫也在护囊中，并产卵于护囊内。孵化后幼虫从囊口爬出，吐丝下垂随风飘送或爬上枝叶，吐丝做小护囊。随着虫体增长，护囊亦逐渐增大。幼虫活动取食时，头、足可伸出囊外，取食或移动。夏季为害最烈，11 月以后幼虫封囊越冬。

防治方法

①人工摘除护囊。茶蓑蛾虫口比较集中，为害状明显，易于发现和摘除护囊。注意保护寄生蜂天敌。

②应用性诱剂或诱虫灯诱捕成虫。

③保护和释放害虫天敌。在果园种植显花植物，保护蛹寄生蜂等天敌。

④药剂防治。可选用 48% 毒死蜱乳油（100 毫升 / 亩）、50% 杀螟硫磷乳油（100 毫升 / 亩）、22% 氰氟虫腙悬浮剂（40 毫升 / 亩）、20% 氯虫苯甲酰胺悬浮剂（10 毫升 / 亩）、20% 氟虫双酰胺水分散粒剂（10 克 / 亩）、5% 甲氨基阿维菌素苯甲酸盐水分散粒剂（20 克 / 亩）、1.8% 阿维菌素乳油（30 毫升 / 亩）、15% 茚虫威悬浮剂（16 毫升 / 亩）、8000 国际单位 / 毫克苏云金杆菌可湿性粉剂（200 克 / 亩）等，加水兑成适宜倍数后喷雾防治。

7. 双线盗毒蛾

双线盗毒蛾（*Porthesia scintillans*）为鳞翅目毒蛾科害虫，是为害柑橘最常见的一种毒蛾，以幼虫取食叶片和花，并能蛀害柑橘、龙眼等幼果。

双线盗毒蛾幼虫群集为害

双线盗毒蛾为害状

形态特征

成虫体长约 12 毫米，前翅赤褐色，后翅黄色。胸部浅黄棕色，腹部褐黄色。卵扁圆形，红褐色。老熟幼虫体暗棕色，前胸背面有 3 条黄色纵纹，侧瘤橘红色，向前凸出；中胸背面有 2 条黄色纵纹和 3 条黄色横纹；后胸背线黄色；第 9 腹节背面有倒“丫”形黄色斑。蛹黑褐色，末端着生 26 根小钩。

双线盗毒蛾成虫

双线盗毒蛾卵块

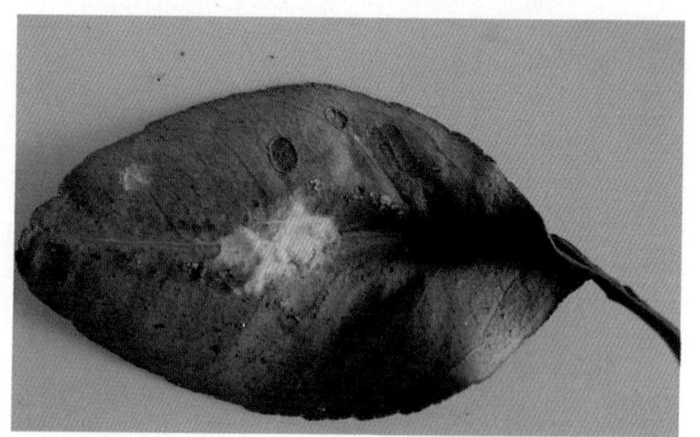

双线盗毒蛾卵块和幼虫

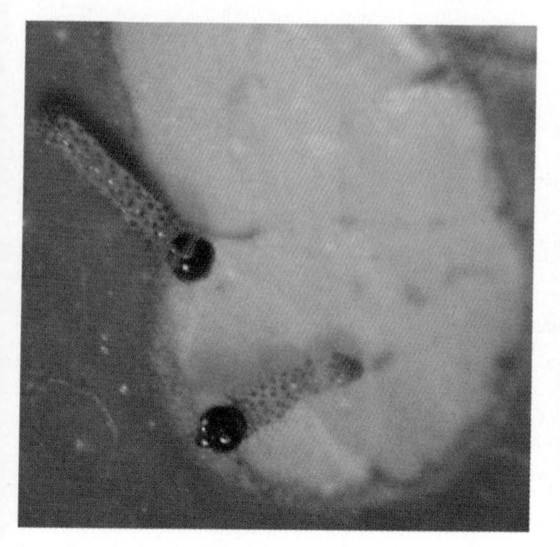

双线盗毒蛾卵块和幼虫

双线盗毒蛾幼虫

生活习性

双线盗毒蛾在福建1年发生4代，以3龄以上幼虫、蛹在叶片上越冬。越冬幼虫翌年春暖后活动取食，老熟幼虫落地多在草丛、枯枝落叶中结茧化蛹。卵成堆产在叶片上，上覆盖绒毛。初孵幼虫先取食卵壳，然后群集于嫩叶上取食，把叶片吃成小缺刻。

防治方法

①清除落叶、草丛中的虫蛹。

②应用性诱剂或诱虫灯诱捕成虫。

③保护和释放害虫天敌。在果园种植显花植物，保护蛹寄生蜂等天敌。

④药剂防治。可选用48%毒死蜱乳油（100毫升/亩）、50%杀螟硫磷乳油（100毫升/亩）、22%氰氟虫腙悬浮剂（40毫升/亩）、20%氯虫苯甲酰胺悬浮剂（10毫升/亩）、20%氟虫双酰胺水分散粒剂（10克/亩）、5%甲氨基阿维菌素苯甲酸盐水分散粒剂（20克/亩）、1.8%阿维菌素乳油（30毫升/亩）、15%茚虫威悬浮剂（16毫升/亩）、8000国际单位/毫克苏云金杆菌可湿性粉剂（200克/亩）等，加水兑成适宜倍数后喷雾防治。

8. 斜纹夜蛾

斜纹夜蛾（*Prodenia litura*）为鳞翅目夜蛾科害虫。幼虫为害柑橘叶片，严重时将叶片吃光。

形态特征

成虫翅展约33毫米，体褐色，雄成虫前翅黑棕色，外侧有一淡褐黄色斜纹自中脉伸至前缘脉，肾纹中央黑色，弓形。后翅白色半透明。卵半球形，卵块上覆盖黄色绒毛。幼虫体青黄色、有白色斑点，背线橙黄色，第2、3节背线和亚背线两侧各有两个小黑点，第3、4节间有一黑色横纹。蛹棕红色。

斜纹夜蛾老熟幼虫为害叶片

生活习性

在福建1年发生约8代，世代重叠，以蛹在土中越冬，5~6月严重为害柑橘叶片，常把整株叶片吃光。卵产在叶背，呈块状，每块卵有卵几十粒，上面覆盖有灰黄色绒毛。初孵幼虫群居在叶背啃食叶肉，2龄后幼虫吐丝下垂，借风转移为害。成虫有趋光性，对糖蜜、花蕾有较强的趋性。

斜纹夜蛾成虫

防治方法

①人工除卵杀虫。人工摘除卵块，捕杀低龄幼虫。

②应用性诱剂或诱虫灯诱捕成虫。

③保护和释放害虫天敌。在果园种植显花植物，保护蛹寄生蜂等天敌。

④药剂防治。可选用48%毒死蜱乳油（100毫升/亩）、50%杀螟硫磷乳油（100毫升/亩）、22%氰氟虫腙悬浮剂（40毫升/亩）、20%氯虫苯甲酰胺悬浮剂（10毫升/亩）、20%氟虫双酰胺水分散粒剂（10克/亩）、5%甲氨基阿维菌素苯甲酸盐水分散粒剂（20克/亩）、1.8%阿维菌素乳油（30毫升/亩）、15%茚虫威悬浮剂（16毫升/亩）、8000国际单位/毫克苏云金杆菌可湿性粉剂（200克/亩）等，加水兑成适宜倍数后喷雾防治。

9. 吸果夜蛾类

吸果夜蛾为鳞翅目夜蛾科害虫，为害柑橘的吸果夜蛾主要有青安钮夜蛾（*Anua tihaca*）、嘴壶夜蛾（*Oraesia emarginata*）、鸟嘴壶夜蛾（*Oraesia excavata*）、壶夜蛾（*Calpe minuticornis*）、艳叶夜蛾（*Maenas salaminia*）、枯叶夜蛾（*Adris tyrannus*）等。在柑橘果实成熟前后，成虫以口器刺破果面，插入果肉内吸食汁液，刺孔处流出汁液，伤口干缩或软腐，造成大量落果。

吸果夜蛾为害状

吸果夜蛾为害果剖面

形态特征

青安钮夜蛾：成虫体长29~31毫米。头及胸部黄绿色，腹部黄色，前翅黄绿色，有裂纹，端区褐色，肾纹褐色，前端有一半圆形黑棕斑；后翅黄色，亚端带黑色。卵扁球形。幼虫黄褐色，老熟幼虫体长约65毫米。蛹赤褐色。

青安钮夜蛾

嘴壶夜蛾：成虫体长16~19毫米，体褐色。头部红褐色。下唇须鸟嘴形，胸腹部褐色。前翅棕褐色，翅尖至后缘有一深色斜“h”形纹；肾状纹明显。后翅灰褐色。卵扁球形。幼虫漆黑，背面两侧各有黄、白、红色斑一列。蛹赤褐色。

嘴壶夜蛾

鸟嘴壶夜蛾：成虫体长23~26毫米，体褐色。头部赤橙色。前翅紫褐色，翅尖钩形，外缘中部圆突，后缘中部内凹较深，自翅尖斜向中部有2条并行的深褐色线；肾状纹明显。

鸟嘴壶夜蛾

壶夜蛾：成虫体长18~21毫米，体灰褐色。前翅后缘中部微凹陷，自翅尖至后缘有一棕色斜线。

壶夜蛾

艳叶夜蛾：成虫体长约35毫米，头、胸褐绿色，腹部杏黄色。前翅橄榄绿色，自翅尖至后缘基部斜贯1条白色宽带，翅外缘白色。后翅杏黄色，外缘有1黑色宽带，中下方有1个黑色肾形斑。

枯叶夜蛾：成虫体长约40毫米，头、胸赭褐色，腹部杏黄色。前翅暗褐色如枯叶，自翅尖至后缘凹陷处有1条黑褐色斜线，翅脉上有许多黑褐色小点。后翅杏黄色，有1个弧形黑斑和1个肾形黑斑。

艳叶夜蛾

枯叶夜蛾

生活习性

吸果夜蛾以幼虫或蛹越冬。4~6 月先为害枇杷、桃，8 月下旬开始为害柑橘，9 月下旬至 10 月下旬是为害盛期。成虫白天隐藏于荫蔽地方，傍晚开始活动，趋光性弱，但嗜食糖液。成虫在闷热、无风的晚上数量较多。卵和幼虫都在木防己等植物上，幼虫取食叶片，化蛹土中。

防治方法

①套袋防虫。在果实成熟前套袋，特别在靠山边及山地果园。

②清除果园四周及邻近的防己科植物。

③应用性诱剂或诱虫灯诱捕成虫。

④保护和释放害虫天敌。在果园种植显花植物，保护蛹寄生蜂等天敌。

⑤药剂防治。可选用 48% 毒死蜱乳油（100 毫升 / 亩）、50% 杀螟硫磷乳油（100 毫升 / 亩）、22% 氰氟虫腙悬浮剂（40 毫升 / 亩）、20% 氯虫苯甲酰胺悬浮剂（10 毫升 / 亩）、20% 氟虫双酰胺水分散粒剂（10 克 / 亩）、5% 甲氨基阿维菌素苯甲酸盐水分散粒剂（20 克 / 亩）、1.8% 阿维菌素乳油（30 毫升 / 亩）、15% 茚虫威悬浮剂（16 毫升 / 亩）、8000 国际单位 / 毫克苏云金杆菌可湿性粉剂（200 克 / 亩）等，加水兑成适宜倍数后喷雾防治。

10. 扁刺蛾

扁刺蛾（*Thosea sinensis*）为鳞翅目刺蛾科害虫，为害柑橘、梨、桃、枇杷等多种果树叶片，造成缺刻。

扁刺蛾为害状

形态特征

成虫灰褐色，前翅有一暗褐色斜纹和一黑点。幼虫扁椭圆形，绿色，背中线白色，体两侧缘各有 10 个瘤突，上生刺毛，第 4 节两侧各有一红点。茧淡黑褐色。

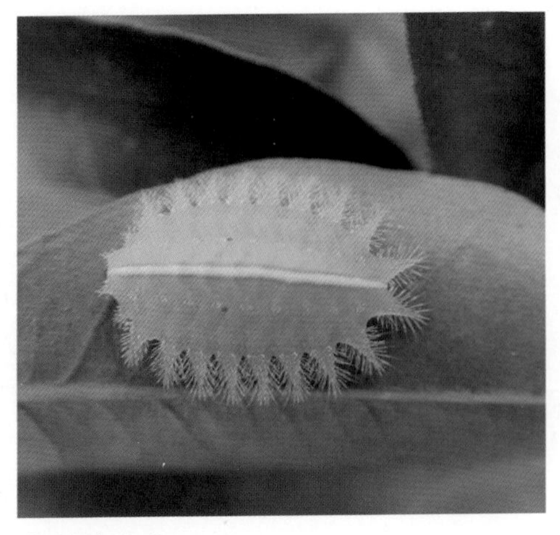

扁刺蛾幼虫

扁刺蛾幼虫和蛹

生活习性

在福建 1 年发生 2~3 代，以幼虫在土中结茧越冬。闽北柑橘区 6 月间发生颇为严重，9~10 月也常见发生。老熟幼虫入浅土结茧化蛹。

防治方法

①摘茧杀虫。摘除越冬茧及虫叶（初龄幼虫群集叶片上），并予以销毁。

②应用性诱剂或诱虫灯诱捕成虫。

③保护和释放害虫天敌。在果园种植显花植物，保护蛹寄生蜂等天敌。

④药剂防治。可选用 48% 毒死蜱乳油（100 毫升 / 亩）、50% 杀螟硫磷乳油（100 毫升 / 亩）、22% 氰氟虫腙悬浮剂（40 毫升 / 亩）、20% 氯虫苯甲酰胺悬浮剂（10 毫升 / 亩）、20% 氟虫双酰胺水分散粒剂（10 克 / 亩）、5% 甲氨基阿维菌素苯甲酸盐水分散粒剂（20 克 / 亩）、1.8% 阿维菌素乳油（30 毫升 / 亩）、15% 茚虫威悬浮剂（16 毫升 / 亩）、8000 国际单位 / 毫克苏云金杆菌可湿性粉剂（200 克 / 亩）等，加水兑成适宜倍数后喷雾防治。

11. 红蜘蛛

红蜘蛛（*Panonychus citri*）又名全爪螨，为蜱螨目叶螨科害螨。成螨、若螨以口针刺破叶片、绿色枝梢及果实表皮，吸收汁液，被害叶片叶面出现灰黄色小斑点，严重时全叶灰白，影响光合作用。

红蜘蛛为害状

红蜘蛛为害状

红蜘蛛为害状

形态特征

雌成螨体长约 0.4 毫米，暗红色，椭圆形，背面有瘤状突起，上生白色刚毛。足 4 对。雄螨略小，鲜红色。卵球形略扁，红色有光泽。卵上有一垂直的柄。幼螨体色较淡，足 3 对。若螨近似于成螨，个体较小，足 4 对。

红蜘蛛成螨

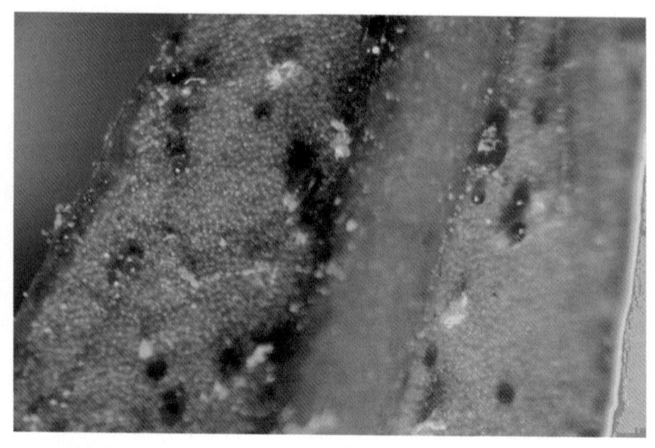

红蜘蛛卵粒

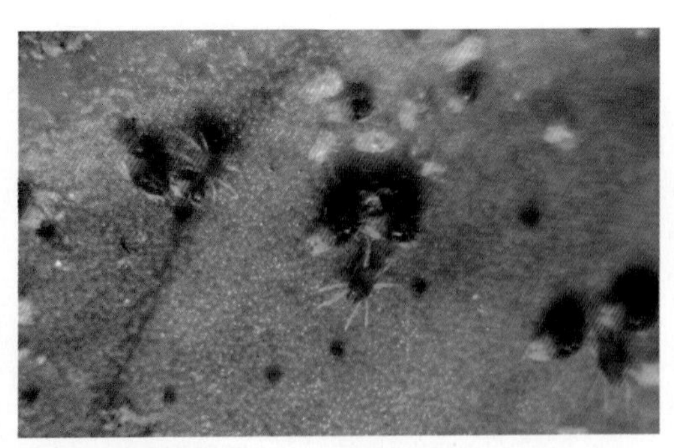
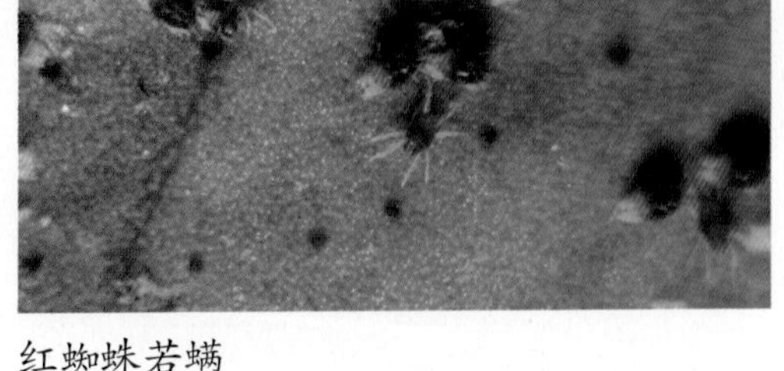

红蜘蛛若螨

叶背面上的红蜘蛛

生活习性

在福建1年发生约15代，多数以卵（部分以成螨和幼体）在枝条裂缝及叶背越冬。4~5月春梢抽发期，老叶上的红蜘蛛大量从老梢迁移至新梢为害。一年中春、秋梢抽发期发生量较大，在干旱小雨的季节，发生最为严重。

防治方法

①保护利用天敌。红蜘蛛的天敌较多，主要有捕食螨和食螨瓢虫，应注意保护利用。

②药剂防治。可选用1.8%阿维菌素乳油（30毫升/亩）、5%氟虫脲乳油（50毫升/亩）、15%哒螨酮乳油（30升/亩）、224克/升螺虫乙酯悬浮剂（8~10毫升/亩），加水兑成适宜倍数后喷雾防治。

12. 锈壁虱

锈壁虱（*Phyllocoptruta oleivora*）又名锈螨，为蜱螨目瘿螨科害螨。在果面、叶片背面为害，刺破表皮细胞，吸食汁液。被害叶面初呈黄褐色，后变为黑褐色，影响树势。被害果变为黑褐色。

锈壁虱为害状

锈壁虱为害状

锈壁虱为害状

锈壁虱为害植株

形态特征

成螨体长约0.12毫米，胡萝卜形，淡黄至橙黄色。体前部有足2对；腹部背面有环纹28个，腹面的环纹数约为背面的2倍。卵圆球形，灰白色，透明有光泽。若螨似成螨，但体型较小，淡黄色，半透明。

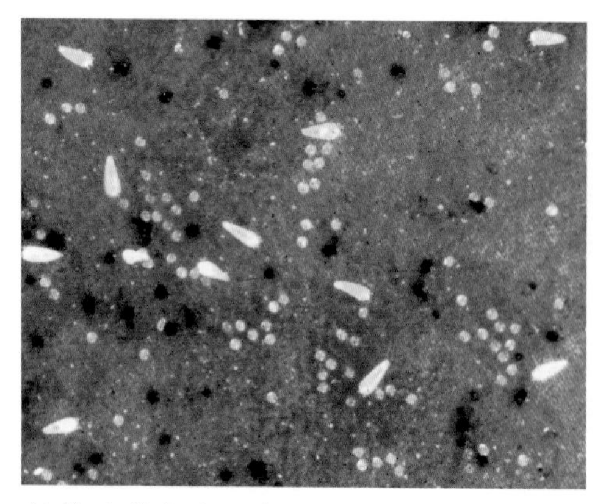
锈壁虱雌成虫和卵粒

锈壁虱雌成虫

生活习性

福建1年发生约24代。冬季以成螨在柑橘腋芽和卷叶内越冬。越冬成螨于4月初开始在春梢新叶上出现，5月上旬开始转移到幼果上为害并繁殖，9月中旬果实上虫口达到高峰。卵多分散产于叶面和果面凹陷处。夏季高温干旱有利于锈壁虱的发育繁殖。

防治方法

①保护捕食螨。利用捕食螨控制害螨。

②药剂防治。可选用1.8%阿维菌素乳油（30毫升/亩）、5%氟虫脲乳油（50毫升/亩）、15%哒螨酮乳油（30升/亩）、224克/升螺虫乙酯悬浮剂（8~10毫升/亩），加水兑成适宜倍数后喷雾防治。

13. 橘小实蝇

橘小实蝇（*Strumeta dorsalis*）俗称果蛆，为双翅目实蝇科害虫。幼虫在果内取食为害，常使果实未熟先黄且脱落。除柑橘外，可为害番石榴、杨桃、枇杷等200余种果实。

橘小实蝇为害金橘

橘小实蝇为害雪柑

橘小实蝇为害柚子

橘小实蝇幼虫为害果肉

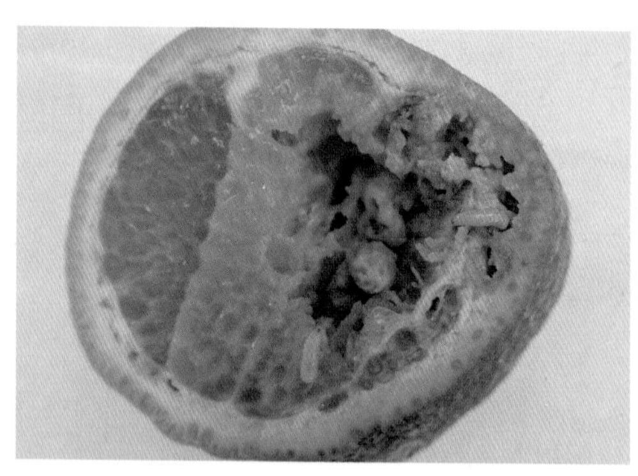
橘小实蝇幼虫为害果肉

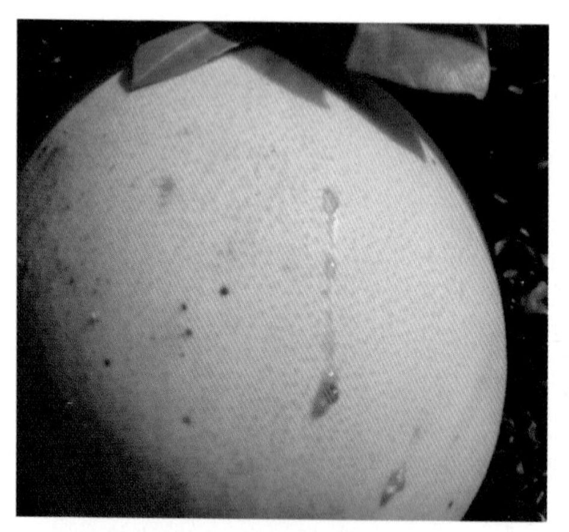
橘小实蝇产卵后引起流胶

橘小实蝇为害果

橘小实蝇为害引起落果

橘小实蝇为害引发绿霉病

形态特征

成虫体长 7~8 毫米，全体深黑色和黄色相间。胸部背面黄色的“U”字形斑纹十分明显。腹部黄色，第 2 节背面有一条黑色横带，从第 3 节开始中央有一条黑色的纵带直抵腹端，构成“T”字形斑纹。卵梭形，乳白色。幼虫蛆形，黄白色。蛹为围蛹，黄褐色。

橘小实蝇成虫

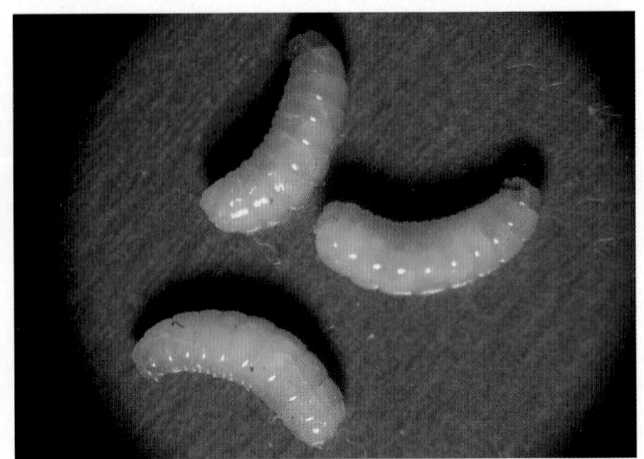

橘小实蝇幼虫

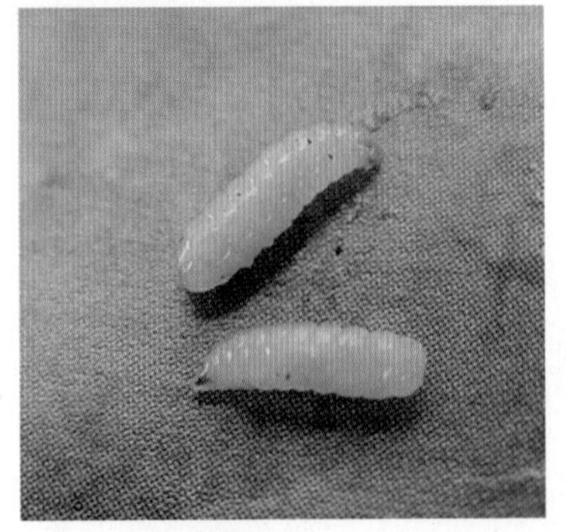

橘小实蝇幼虫

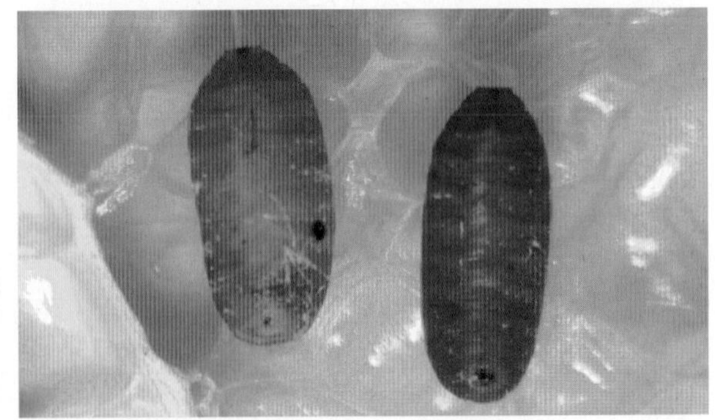

橘小实蝇蛹

生活习性

橘小实蝇 1 年发生 3~5 代，无明显的越冬现象，世代发生重叠。雌成虫在即将成熟的果实上刺成产卵孔，然后产卵于果皮内，每孔产卵 5~10 粒，每头雌虫产卵量 400~800 粒。幼虫孵出后蛀入果内取食为害，老熟后脱果入土化蛹，深度 3~7 厘米。

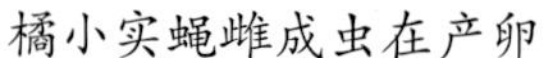
橘小实蝇雌成虫在产卵

橘小实蝇雌成虫在产卵

防治方法

①加强检疫。严防橘小实蝇幼虫随果实或蛹随园土运输而传播。一旦发现疫情，可用溴甲烷熏蒸。

②人工捕杀。随时捡拾虫害落果，摘除树上的虫害果，将其一并烧毁或投入粪池沤浸，减少虫源。但切勿浅埋，以免害虫羽化。

③诱杀成虫。成虫活动产卵时期，利用性诱剂诱杀成虫。

利用性诱剂诱捕橘小实蝇

橘小实蝇诱捕器

④地面施药。于幼虫入土化蛹或成虫羽化的始盛期，选用 48% 毒死蜱乳油（100 毫升 / 亩）、50% 杀螟硫磷乳油（100 毫升 / 亩）、25% 喹硫磷乳油（150 毫升 / 亩）、18% 杀虫双水剂（250 毫升 / 亩）、22% 氰氟虫腙悬浮剂（40 毫升 / 亩）、20% 氯虫苯甲酰胺悬浮剂（10 毫升 / 亩）、20% 氟虫双酰胺水分散粒剂（10 克 / 亩）、5% 甲氨基阿维菌素苯甲酸盐水分散粒剂（20 克 / 亩）、1.8% 阿维菌素乳油（30 毫升 / 亩）、15% 茚虫威悬浮剂（16 毫升 / 亩）等，加水兑成适宜倍数后喷洒果园地面。

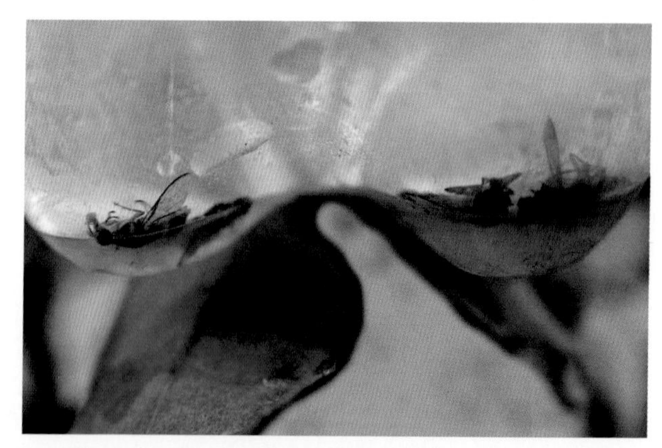
利用性诱剂诱捕的橘小实蝇雄成虫

14. 蚜虫类

蚜虫为半翅目蚜总科害虫，常见的种类有绣线菊蚜（*Aphis citricola*）和橘蚜（*Aphis citricidus*）。成虫和若虫群集在嫩叶和嫩枝上吸食汁液，被害嫩叶卷缩，阻碍生长，并诱发煤烟病。

绣线菊蚜为害状

橘蚜为害状

形态特征

绣线菊蚜：体长约1.8毫米。无翅胎生雌蚜淡绿色，体表有网状纹，腹管圆筒形，尾片圆锥形。有翅胎生雌蚜胸部暗褐色至黑色，腹部绿色。绣线菊蚜头部前缘中央突出，与桃蚜凹入的形状显著不同。

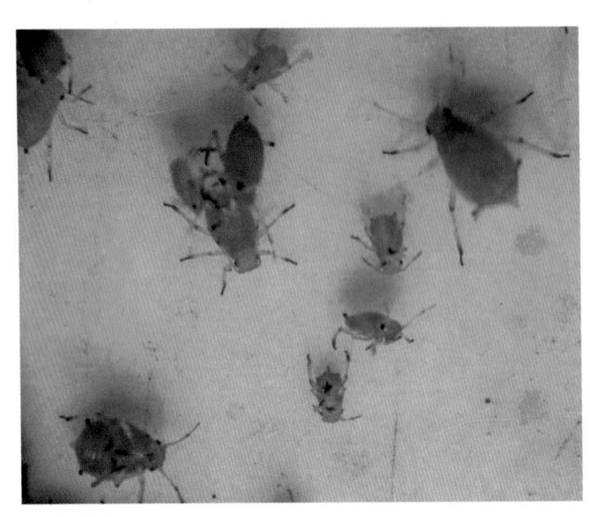

绣线菊蚜

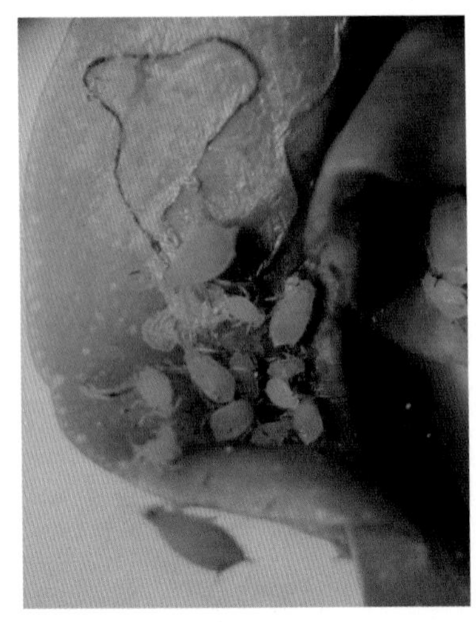

绣线菊蚜

橘蚜：无翅胎生雌蚜，体长1.3毫米，全体漆黑色，触角灰褐色，复眼红黑色，腹管呈管状。有翅胎生雌蚜与无翅胎生雌蚜相似，翅白色透明，翅痣淡黄褐色，前翅中脉分三叉。卵黑色，有光泽，椭圆形，黄褐至黑色。若虫体褐色。

橘蚜（有翅蚜）

橘蚜

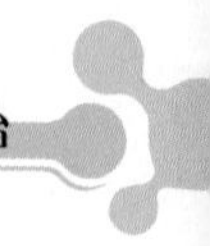

生活习性

绣线菊蚜：1 年发生约 18 代，以成虫越冬。在温度较低的地区，秋后产生两性蚜，春季孵出无翅干母，并产生胎生有翅蚜，在春芽伸展时，开始飞到柑橘树上为害。

橘蚜：1 年发生 20 多代，在南方全年可以进行孤雌胎生繁殖。若叶片老化不适生活，即产生有翅胎生雌蚜迁飞到其他树上为害。若虫成熟为成虫后，在当天或隔日即能胎生幼蚜，1 头无翅胎生雌蚜产仔达 60 余头。有性雌蚜于交配后第 2 天开始产卵，可产卵 7 粒。成虫寿命约 20 天。

防治方法

①保护和释放害虫天敌。蚜虫的天敌有草蛉、蚜茧蜂等，田间天敌数量较多时，可以不喷药或减少喷药次数，以保护天敌。

②保护天敌。在果园种植显花植物，保护寄生蜂、瓢虫等天敌。

③适期使用药剂防治。发现 25% 新梢上有蚜虫时，可选用 10% 吡虫啉可湿性粉剂（20 克 / 亩）、25% 噻虫嗪水分散粒剂（4 克 / 亩）、25% 吡蚜酮可湿性粉剂（25 克 / 亩）、10% 烯啶虫胺水剂（20 毫升 / 亩）、10% 乙虫腈悬浮剂（30 毫升 / 亩）、25% 噻嗪酮可湿性粉剂（40 克 / 亩），加水兑成适宜倍数后喷雾防治。

15. 黑刺粉虱

黑刺粉虱（*Aleurocanthus spiniferus*）又名刺粉虱，为半翅目粉虱科害虫。幼虫群集叶背吸食汁液，其排泄物诱发煤烟病，使枝叶发黑、枯死脱落，影响植株生长。

形态特征

雌虫体长约 1.3 毫米，体橙黄色，覆有白色蜡质粉状物。前翅紫褐色，有 7

黑翅粉虱成虫

黑翅粉虱若虫

个不规则白斑；后翅无斑纹，较小，淡紫褐色。复眼红色。雄虫体较小。卵长椭圆形。老熟若虫体漆黑色，体背有 14 对刺毛，周围白色蜡圈明显。

生活习性

在福建 1 年发生 4 代，以老熟若虫在寄主叶背越冬。4 月中下旬羽化为成虫，第 1 代发生在 4 月下旬至 6 月上旬。卵多产于叶背，老叶上的卵比嫩叶多。若虫的蜕皮壳遗留在体背上。

防治方法

①加强栽培管理。剪除过密的枝梢和受害枝叶，改善果园通风透光条件，以抑制黑刺粉虱的繁殖。

②保护天敌。在果园种植显花植物，保护寄生蜂、瓢虫等天敌。

③黄板诱杀。黑刺粉虱成虫对黄色有强烈趋性，在柑橘园设置带有黏胶的专用黄板，每亩 30 ~ 40 块，诱杀成虫效果显著。黄板设置于行间，高于植株 0.5 米。

④适期使用药剂防治。可选用 10% 吡虫啉可湿性粉剂（20 克 / 亩）、25% 噻虫嗪水分散粒剂（4 克 / 亩）、25% 吡蚜酮可湿性粉剂（25 克 / 亩）、10% 烯啶虫胺水剂（20 毫升 / 亩）、10% 乙虫腈悬浮剂（30 毫升 / 亩）、25% 噻嗪酮可湿性粉剂（40 克 / 亩），加水兑成适宜倍数后喷雾防治。

16. 橘粉虱

橘粉虱（*Dialeurodes citri*）为半翅目粉虱科害虫。若虫群集寄主叶片，吮吸汁液，使被害处形成黄斑，并能分泌蜜露，诱发煤烟病。

橘粉虱为害状

形态特征

成虫体长 1.2 毫米，黄色，翅半透明，均被有白色蜡粉。卵黄色。若虫体小扁平，椭圆形，淡黄色，有半透明的蜡质物被盖。蛹椭圆形，扁平，羽化前呈黄绿色，羽化后蛹壳白色透明。成虫、若虫和蛹的末端背面，均有结构独特的“管状孔”。

生活习性

橘粉虱1年发生5~6代，以老熟若虫或蛹越冬。卵多产于寄主嫩叶反面。初孵若虫爬行不远，多在卵壳附近固定寄生，吸汁为害，并排泄蜜露，诱发煤烟病。

橘粉虱成虫

防治方法

①加强栽培管理。剪除过密的枝梢和受害枝叶，改善果园通风透光条件，以抑制橘粉虱的繁殖。

橘粉虱被粉虱座壳孢寄生

②保护天敌。在果园种植显花植物，保护寄生蜂、瓢虫等天敌。橘粉虱的天敌有寄生蜂、瓢虫、草蛉和寄生菌等，如刀角瓢虫（*Serangium japonicum*）、粉虱座壳孢（*Aschersonia aleyrodis*）等。

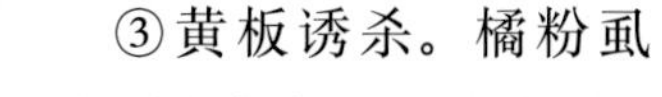

③黄板诱杀。橘粉虱成虫对黄色有强烈趋性，在柑橘园设置带有黏胶的专用黄板，每亩30 ~ 40块，诱杀成虫效果显著。黄板设置于行间，高于植株0.5米。

④适期使用药剂防治。可选用10%吡虫啉可湿性粉剂（20克/亩）、25%噻虫嗪水分散粒剂（4克/亩）、25%吡蚜酮可湿性粉剂（25克/亩）、10%烯啶虫胺水剂（20毫升/亩）、10%乙虫腈悬浮剂（30毫升/亩）、25%噻嗪酮可湿性粉剂（40克/亩），加水兑成适宜倍数后喷雾防治。

17. 木虱

木虱(*Diaphorina citri*)为同翅目木虱科害虫。成虫、若虫群集嫩梢、幼叶和新芽上吸食汁液，被害嫩梢幼芽干枯萎缩，新叶畸形扭曲。若虫的排泄物会引起煤烟病。木虱是柑橘黄龙病的传播介体。

木虱为害状

形态特征

木虱成虫体长约 3 毫米，全体青灰色，有褐色斑纹，被有白粉。前翅有褐色斑纹。卵芒果形，橙黄色，有一短柄，插于嫩梢组织中，无规则聚生。若虫扁椭圆形，背面略隆起，体黄色，复眼

木虱成虫

木虱成虫

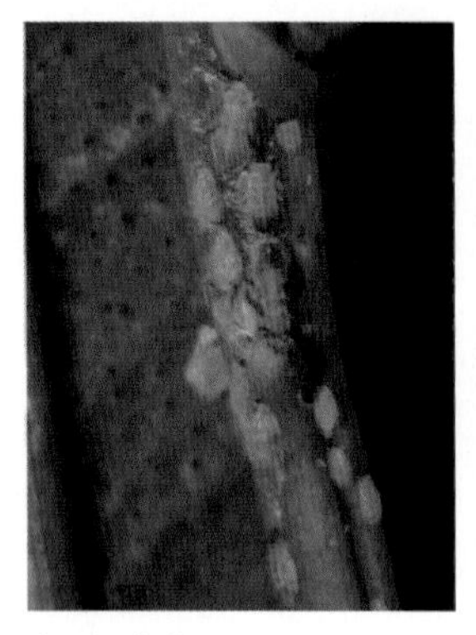

木虱若虫

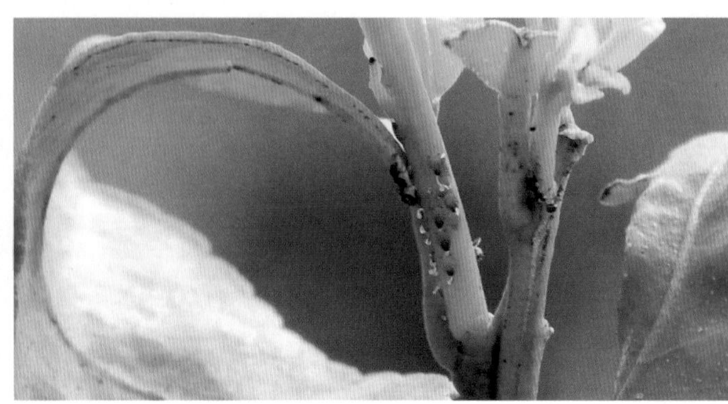

木虱若虫

红色，具翅芽。腹部周缘分泌有短蜡丝。

生活习性

在福建1年发生8代，冬季常见成虫栖息于叶背。一年中主要在春梢、夏梢、秋梢的抽生期发生为害。以秋梢期虫量最多，为害严重。成虫分散在叶片背面叶脉上和芽上栖息取食，卵产于嫩芽的缝隙里。

防治方法

①保护天敌。在果园种植显花植物，保护寄生蜂、瓢虫等天敌。木虱天敌有啮小蜂（*Tetrastichus radiatus*）、异色瓢虫（*Harmonia axyridis*）等多种天敌。

②黄板诱杀。粉虱成虫对黄色有强烈趋性，在柑橘园内设置带有黏胶的专用黄板，每亩30 ~ 40块，诱杀成虫效果显著。黄板设置于行间，高于植株0.5米。

③喷药保梢。每次嫩梢抽发期，木虱发生时，可选用10%吡虫啉可湿性粉剂（20克/亩）、25%噻虫嗪水分散粒剂（4克/亩）、25%吡蚜酮可湿性粉剂（25克/亩）、10%烯啶虫胺水剂（20毫升/亩）、10%乙虫腈悬浮剂（30毫升/亩）、25%噻嗪酮可湿性粉剂（40克/亩），加水兑成适宜倍数后喷雾防治。

18. 蓟马

蓟马（*Scirtothrips citri*）为缨翅目蓟马科害虫。蓟马尤喜在幼果的萼片或果

蓟马为害花朵

蓟马为害花朵

蒂周围取食。幼果受害后留下银白色或灰白色的疤痕，外观受到较大损害。嫩叶受害后，叶片变薄，中脉两侧出现灰白色或灰褐色条斑，表皮呈灰褐色，受害严重时叶片扭曲变形，生长势衰弱。

蓟马为害叶片

形态特征

成虫纺锤形，体长约1毫米，淡橙黄色，体表有细毛。触角8节，头部刚毛较长。前翅有纵脉1条，翅上缨毛很细。腹部较圆。卵肾脏形，长约0.18毫米。幼虫共2龄：一龄幼虫体小，颜色略淡；二龄幼虫大小与成虫相近，无翅，老熟时琥珀色，椭圆形。幼虫经预蛹和蛹羽化为成虫。

蓟马

生活习性

蓟马在气温较高的地区1年可发生7~8代，以卵在秋梢新叶组织内越冬。次年3~4月越冬卵孵化为幼虫，在嫩叶和幼果上取食。4~10月田间均可见，但以谢花后至幼果直径4厘米期间为害最烈。第一、二代发生较整齐，是主要的为害世代，以后各代世代重叠明显。二龄幼虫是主要的取食虫态。幼虫老熟后在地面或树皮缝隙中化蛹。成虫较活跃，尤以晴天中午活动最盛。成虫将卵产于嫩叶、嫩枝和幼果组织内，产卵处呈淡黄色。

防治方法

①蓝板诱杀。蓟马成虫对蓝色有强烈趋性，在柑橘园内设置带有黏胶的专用蓝板，每亩 30 ~ 40 块，诱杀成虫效果显著。蓝板设置于行间，高于植株 0.5 米。

②药剂防治。在柑橘开花至幼果期加强虫口监测，当幼果直径达 2 厘米后，有 20% 的果实有虫或受害时，即应开始喷药防治。可选用 10% 吡虫啉可湿性粉剂（20 克 / 亩）、25% 噻虫嗪水分散粒剂（4 克 / 亩）、25% 吡蚜酮可湿性粉剂（25 克 / 亩）、10% 烯啶虫胺水剂（20 毫升 / 亩）、10% 乙虫腈悬浮剂（30 毫升 / 亩）、25% 噻嗪酮可湿性粉剂（40 克 / 亩），加水兑成适宜倍数后喷雾防治。

19. 褐缘蛾蜡蝉

褐缘蛾蜡蝉 （*Salurnis marginellus*）为同翅目蛾蜡蝉科害虫。成虫、若虫吸食柑橘枝条、嫩梢汁液，致使树势衰弱。

形态特征

成虫体长约 7 毫米，前翅黄绿色，边缘褐色，前翅近后缘端部 1/3 处有明显的红褐色钮斑。若虫淡绿色，腹部第 6 节背面有成对橙黄圆环，腹末有两大束白蜡丝。

褐缘蛾蜡蝉成虫

褐缘蛾蜡蝉卵

生活习性

在福建1年发生约2代，以成虫在树上稠密处越冬，翌年3~4月间开始活动取食。卵产在嫩梢组织中，卵块呈条形，常造成枝条枯死。5~6月间若虫盛发。初孵若虫群集为害，后逐步扩散为害。若虫受惊动时能跳跃。被害枝梢部位有白色蜡质物，可诱发煤烟病。

防治方法

①加强栽培管理。结合修枝整形，剔除过密枝条，使树体通风透光，不利害虫繁衍。随时剪除虫枝、卵枝，减少虫源。

②药剂防治。可选用10%吡虫啉可湿性粉剂（20克/亩）、25%噻虫嗪水分散粒剂（4克/亩）、25%吡蚜酮可湿性粉剂（25克/亩）、10%烯啶虫胺水剂（20毫升/亩）、10%乙虫腈悬浮剂（30毫升/亩）、48%毒死蜱乳油（100毫升/亩），加水兑成适宜倍数后喷雾防治。

20. 蟪蛄

蟪蛄（*Platypleura kaempferi*）又名褐斑蝉，为同翅目蝉科害虫。成虫刺吸枝条汁液，产卵于枝梢木质内，致使枝梢枯死。若虫生活在土中，吸食根部汁液，削弱树势。

蟪蛄成虫为害树干

蟪蛄若虫为害枝条

形态特征

成虫体长 20~25 毫米，头和前、中胸背板暗褐色、具黑色斑纹，腹部褐色，腹面有白色蜡粉，翅脉透明、暗褐色，前翅具黑褐色云状斑纹。卵梭形。若虫黄褐色，长 18~22 毫米。

蟪蛄成虫

蟪蛄若虫蜕皮

蟪蛄若虫蜕皮

生活习性

在福建约 2 年发生 1 代，以若虫在土中越冬。若虫老熟后爬出地面，在树干或杂草茎上蜕皮羽化。成虫于 6~7 月出现，7~8 月产卵于当年生枝条内，每枝条可产卵百余粒，当年孵化。若虫落地入土，吸食根部汁液。

防治方法

①捕杀虫卵。剪除带卵枝条，集中烧毁。

②消灭若虫。秋、冬季结合果园松土，消灭树干周围若虫。

③若虫期使用药剂防治。可选用 10% 吡虫啉可湿性粉剂（20 克 / 亩）、25% 噻虫嗪水分散粒剂（4 克 / 亩）、25% 吡蚜酮可湿性粉剂（25 克 / 亩）、10% 烯啶虫胺水剂（20 毫升 / 亩）、10% 乙虫腈悬浮剂（30 毫升 / 亩）、48% 毒死蜱乳油（100 毫升 / 亩），加水兑成适宜倍数后喷雾防治。

21. 白带尖胸沫蝉

白带尖胸沫蝉（*Aphrophora intermedia*）为同翅目沫蝉科害虫。成虫、若虫在嫩梢、叶片上刺吸汁液，受害新梢生长不良。雌成虫产卵于枝条组织内，致使枝条枯死。

形态特征

成虫体长 8~9 毫米，前翅有一明显的灰白色横带。卵披针形，淡黄色。若虫黄白色，后足胫节外侧具两个棘状突起，由腹部排出的大量白泡沫掩盖虫体。

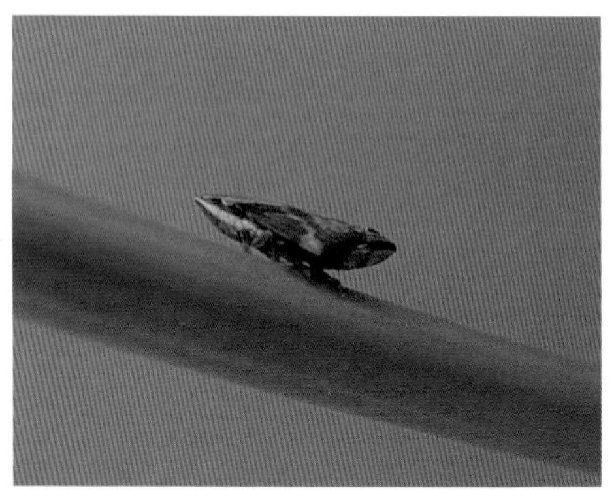
白带尖胸沫蝉成虫

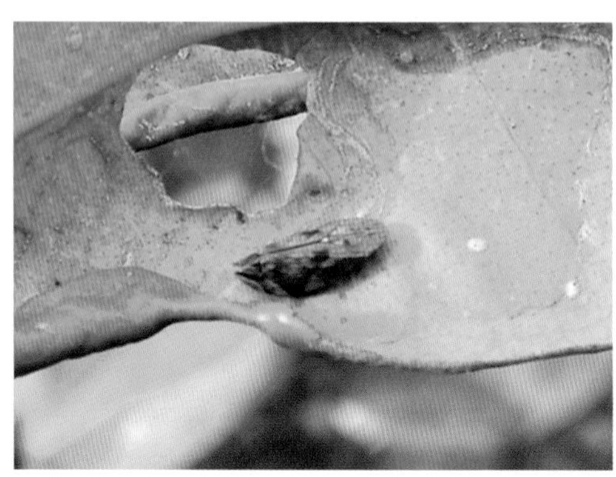
白带尖胸沫蝉成虫

白带尖胸沫蝉若虫

白带尖胸沫蝉若虫排出白泡沫

生活习性

在福建 1 年发生 1 代，以卵在枝条内越冬，翌年 4 月间越冬卵开始孵化，5 月为孵化盛期。若虫经 4 次蜕皮于 6 月羽化为成虫，成虫羽化后吸食嫩梢基部汁

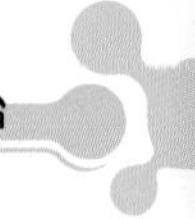

液。卵产在枝条新梢内。

防治方法

①消灭若虫。秋、冬季结合果园松土，消灭树干周围若虫。

②在若虫期使用药剂防治。可选用 10% 吡虫啉可湿性粉剂（20 克 / 亩）、25% 噻虫嗪水分散粒剂（4 克 / 亩）、25% 吡蚜酮可湿性粉剂（25 克 / 亩）、10% 烯啶虫胺水剂（20 毫升 / 亩）、10% 乙虫腈悬浮剂（30 毫升 / 亩）、48% 毒死蜱乳油（100 毫升 / 亩），加水兑成适宜倍数后喷雾防治。

22. 八点广翅蜡蝉

八点广翅蜡蝉（*Ricania speculum*）为同翅目广翅蜡蝉科害虫。成虫、若虫在嫩梢上刺吸汁液。

八点广翅蜡蝉成虫

形态特征

成虫体长 7~8 毫米。头、胸黑褐色，足、腹部褐色。前翅暗褐色，前缘近翅端有 1 个三角斑。后翅与前翅同色，无斑纹。

八点广翅蜡蝉成虫

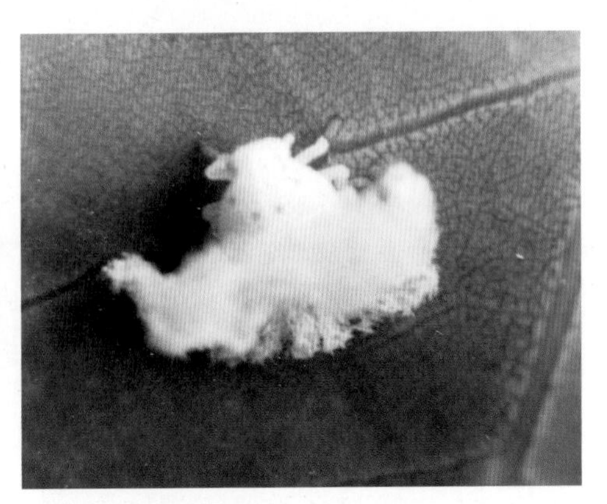

八点广翅蜡蝉若虫

生活习性

以卵越冬。翌年 5 月下旬出现若虫，群集于嫩梢上为害，7 月上旬羽化成虫，7~8 月产卵于嫩梢越冬。

防治方法

①消灭若虫。秋、冬季结合果园松土，消灭树干周围若虫。

②在若虫期使用药剂防治。可选用 10% 吡虫啉可湿性粉剂（20 克 / 亩）、25% 噻虫嗪水分散粒剂（4 克 / 亩）、25% 吡蚜酮可湿性粉剂（25 克 / 亩）、10% 烯啶虫胺水剂（20 毫升 / 亩）、10% 乙虫腈悬浮剂（30 毫升 / 亩）、48% 毒死蜱乳油（100 毫升 / 亩），加水兑成适宜倍数后喷雾防治。

23. 角肩蝽

角肩蝽（*Rhynchocoris humeralis*）又名大绿蝽，为半翅目蝽科害虫。成虫和若虫用针状口器插入柑橘果内，吸食汁液，导致落果。有时也会在枝梢幼嫩部分吸食汁液。

角肩蝽若虫为害叶片

角肩蝽若虫为害果实

角肩蝽成虫群集为害果实

形态特征

成虫体长约 22 毫米，长盾形，绿色。前胸两侧呈角状突出，故称角肩蝽。卵球形，淡翠绿色。若虫共 5 龄，1~3 龄体淡黄色，有黑斑；4 龄胸部绿色，腹部黄色；5 龄全体绿色，具翅芽。

角肩蝽成虫

角肩蝽成虫

生活习性

在福建1年发生1代，以成虫在隐蔽处越冬。4月间成虫开始活动产卵，7~8月是若虫盛发期。若虫常三五成群，集中果上吸食，果面被刺害部位逐渐变黄，但不呈水渍状，这是与吸果夜蛾为害不同之处。

防治方法

①人工捕杀成虫。清晨、傍晚或阴雨天成虫不大活动，此时捕捉成虫。此外，摘除卵块和初孵若虫。

②药剂防治。在幼虫1~2龄期时，选用10%乙虫腈悬浮剂（30毫升/亩）、20%仲丁威乳油（200毫升/亩）、48%毒死蜱乳油（100毫升/亩）、50%杀螟硫磷乳油（100毫升/亩）、10%烯啶虫胺水剂（20毫升/亩）、25%噻虫嗪水分散粒剂（4克/亩），加水兑成适宜倍数后喷雾防治。

24. 日本龟蜡蚧

日本龟蜡蚧（*Ceroplastes japonicus*）为同翅目蜡蚧科害虫。以若虫、雌成虫吸食枝条、叶片汁液，并排泄蜜露，诱发煤烟病。

日本龟蜡蚧为害枝干

形态特征

雌成虫体长约2毫米，椭圆形，紫红色。蜡壳灰白色，产卵期背面呈半球形。雄成虫体长约1.3毫米，棕褐色，翅白色透明。卵椭圆形，橙黄色。初孵若虫体扁平，椭圆形，虫体周围有白色蜡刺。

生活习性

在福建1年发生1代，以雌虫在枝条上越冬，翌年3月开始在枝条上为害，4~5月开始在腹下产卵。初孵若虫多在嫩枝、叶柄及叶片固定吸食。8月初雌雄开始分化，雄虫蜡壳增大加厚，雌虫则分泌软质新蜡，形成龟甲状蜡壳。

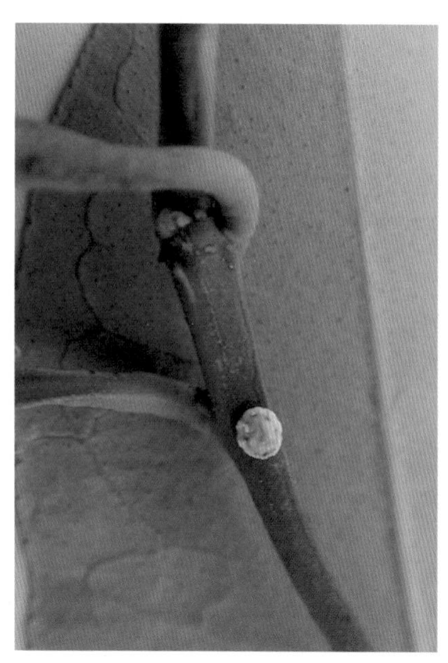
日本龟蜡蚧

防治方法

①人工修剪。冬季予以修剪，剪除有虫枝条，减少虫源。

②若虫期使用药剂防治。可选用10%乙虫腈悬浮剂（30毫升/亩）、20%仲丁威乳油（200毫升/亩）、48%毒死蜱乳油（100毫升/亩）、50%杀螟硫磷乳油（100毫升/亩）、10%烯啶虫胺水剂（20毫升/亩）、25%噻虫嗪水分散粒剂（4克/亩），加水兑成适宜倍数后喷雾防治。

25. 粉蚧类

柑橘上常见的粉蚧有堆蜡粉蚧（*Nipaecoccus vaststor*）和橘粉蚧（*Planococcus citri*），为同翅目粉蚧科害虫。为害柑橘嫩梢、芽、叶、枝梗。

堆蜡粉蚧为害枝条

堆蜡粉蚧为害果实

堆蜡粉蚧为害果实

堆蜡粉蚧为害造成叶片畸形

堆蜡粉蚧为害后枝梢枯死

橘粉蚧为害叶片

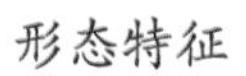
形态特征

堆蜡粉蚧：雌成虫体长约2.5毫米，椭圆形，灰紫色，体被蜡粉甚厚。体周缘蜡丝较为粗短，末对蜡丝粗而略长。产卵期分泌的卵囊状若棉团，白色，略带黄色。

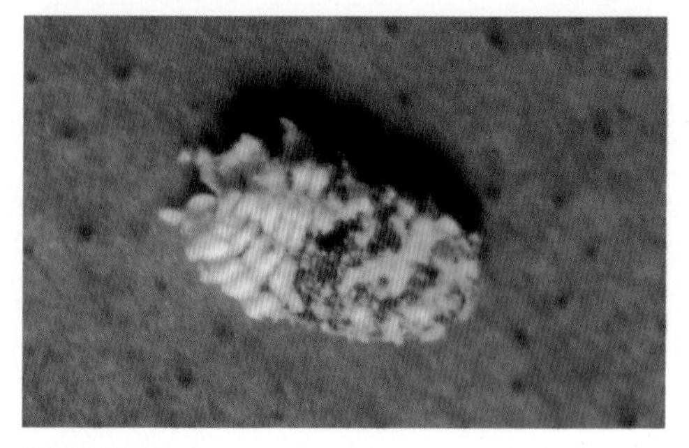
堆蜡粉蚧

橘粉蚧

橘粉蚧：雌成虫体长2.4毫米左右，椭圆形，全体覆白蜡粉，但背中线上蜡粉较薄，显露出一道纵纹。体周缘有18对细蜡丝，从头端向后端渐长。

生活习性

粉蚧寄生于柑橘嫩梢、芽、叶、枝梗及果蒂上，在卷叶中、蚁巢下常见。粉蚧发育经过同吹棉蚧一样，茧长筒形棉絮状。产卵时在体后分泌蜡质的卵囊，产卵其中。

防治方法

①减少虫源。结合修剪，剪除虫枝，集中烧毁。可先将虫枝集中放于果园外的空地上，待1周后烧毁，以保护天敌。

②药剂防治。掌握在第1龄幼蚧盛期，选用10%乙虫腈悬浮剂（30毫升/亩）、20%仲丁威乳油（200毫升/亩）、48%毒死蜱乳油（100毫升/亩）、50%杀螟硫磷乳油（100毫升/亩）、10%烯啶虫胺水剂（20毫升/亩）、25%噻虫嗪水分散粒剂（4克/亩），加水兑成适宜倍数后喷雾防治。

26. 吹绵蚧

吹绵蚧（*Icerya purchasi*）为同翅目硕蚧科害虫，以成虫、若虫群集在柑橘

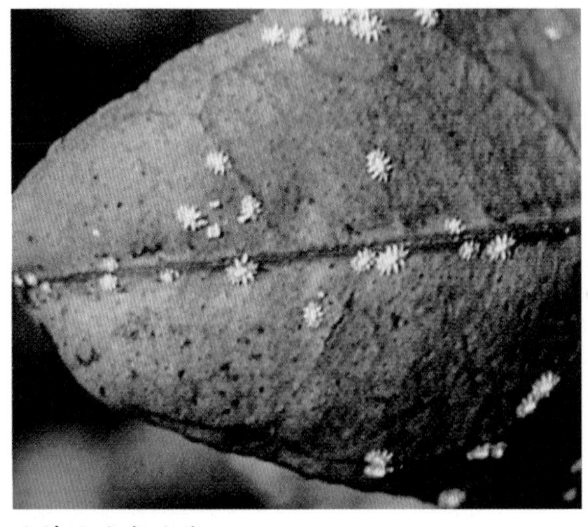
吹绵蚧为害叶片

吹绵蚧为害枝叶

的叶芽、嫩枝、嫩梢或枝条上，以口针刺吸植株汁液为害。其排出的“蜜露”可引发煤烟病。

吹绵蚧为害引发煤烟病

形态特征

雌成虫体长4~7毫米，橘红色，背面隆起，体外被有白色而微带黄色的蜡质粉及絮状纤维，腹部后方有白色半卵形卵囊，卵产于囊内。雄成虫体长2.9毫米左右，橘红色；有长而狭的黑色前翅1对，后翅退化成平衡棒。卵长椭圆形，密集于卵囊内。若虫椭圆形，橘红色或红褐色，体外覆盖淡黄色或黄白色蜡粉及蜡丝。

吹绵蚧

生活习性

在福建1年发生3代，以若虫、成虫或卵越冬。初孵若虫多群集于新梢或叶背的叶脉两旁。2龄后，渐向大枝及主干爬行。成虫喜寄居于主梢阴面及枝杈处，或枝条及叶片上，刺吸树液并营囊产卵，不再移动。

防治方法

①减少虫源。结合修剪，剪除虫枝，集中烧毁。可先将虫枝集中放于果园外的空地上，待1周后烧毁，以保护天敌。

②药剂防治。掌握在第1龄幼蚧盛期，选用10%乙虫腈悬浮剂（30毫升/亩）、20%仲丁威乳油（200毫升/亩）、48%毒死蜱乳油（100毫升/亩）、50%杀螟硫磷乳油（100毫升/亩）、10%烯啶虫胺水剂（20毫升/亩）、25%噻虫嗪水分散粒剂（4克/亩），加水兑成适宜倍数后喷雾防治。

27. 褐圆蚧

褐圆蚧（*Chrysomphalus aonidum*）为同翅目盾蚧科害虫，为害叶片、果实和枝条。

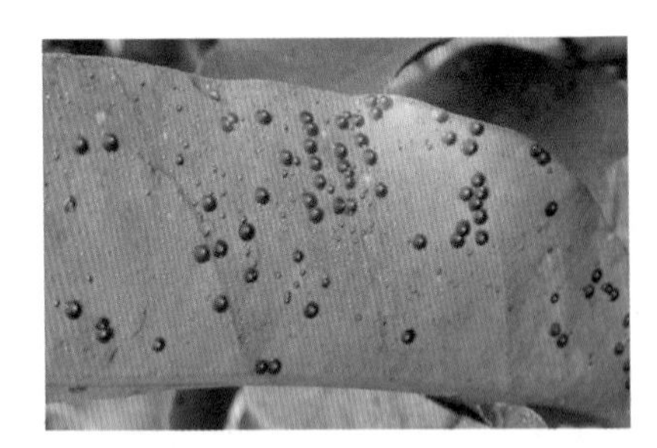
褐圆蚧为害叶片

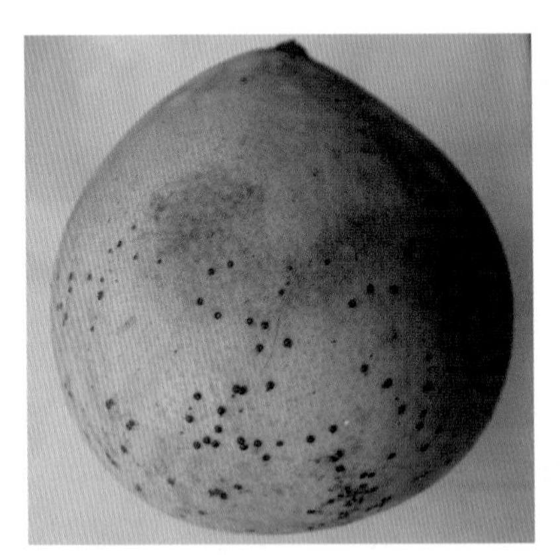
褐圆蚧为害果实

褐圆蚧为害柠檬叶片

形态特征

雌介壳圆形，暗紫褐色，中央隆起较高，壳点红褐色。雌成虫体色淡橙黄色，倒卵形。雄介壳较小，颜色与雌介壳较相似，但边缘一侧扩展，灰白色。雄成虫淡橙黄色，触角细长，翅1对，胸部有一褐色横纹。卵淡黄色，椭圆形。

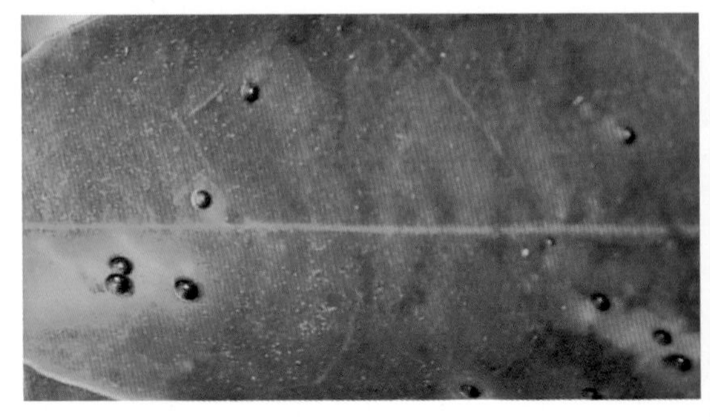
褐圆蚧

生活习性

在福建1年约发生4代，若虫越冬。1龄若虫始盛期为5月中旬。卵孵出1龄若虫，若虫爬离介壳（爬动若虫），不久固定下来，开始吸食为害。

防治方法

①注意保护和利用天敌。主要天敌有纯黄蚜小蜂（*Aphytis holoxanthus*）、整胸寡节瓢虫（*Telsimia emarginata*）和红霉菌（*Fussarium coccophilum*）等。

②减少虫源。结合修剪，剪除虫枝，集中烧毁。可先将虫枝集中放于果园外的空地上，待1周后烧毁，以保护天敌。

③药剂防治。掌握在第1龄幼蚧盛期，选用10%乙虫腈悬浮剂（30毫升/亩）、20%仲丁威乳油（200毫升/亩）、48%毒死蜱乳油（100毫升/亩）、50%杀螟硫磷乳油（100毫升/亩）、10%烯啶虫胺水剂（20毫升/亩）、25%噻虫嗪水分散粒剂（4克/亩），加水兑成适宜倍数后喷雾防治。

28. 红圆蚧

红圆蚧（*Aonidiella aurantii*）为同翅目盾蚧科害虫，为害叶片、果实和枝条。

红圆蚧为害果实

红圆蚧为害果实

红圆蚧为害果实

形态特征

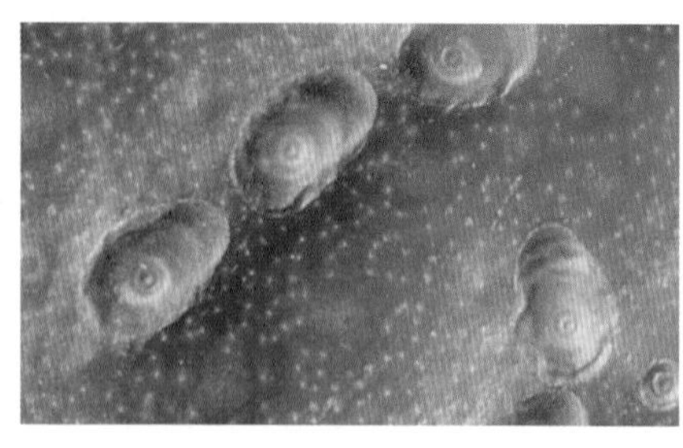
红圆蚧

雌介壳直径约1.8毫米，圆形，橙红色至红褐色，边缘淡橙黄色，中央稍隆起。1龄若虫蜕皮壳近暗褐色。雌成虫腰子形，淡橙黄色至淡橙红色，从介壳背面隐约可见虫体的边缘。

生活习性

在福建1年发生约4代，以若虫越冬。1龄若虫始盛期为5月中旬。卵孵出1龄若虫，若虫爬离介壳（爬动若虫），不久固定下来，开始吸食为害。成虫有趋光性，雄虫较强。

防治方法

①注意保护和利用天敌。主要天敌有纯黄蚜小蜂（*Aphytis holoxanthus*）、整胸寡节瓢虫（*Telsimia emarginata*）和红霉菌（*Fussarium coccophilum*）等。

②减少虫源。结合修剪，剪除虫枝，集中烧毁。可先将虫枝集中放于果园外的空地上，待1周后烧毁，以保护天敌。

③药剂防治。掌握在第1龄幼蚧盛期，选用10%乙虫腈悬浮剂（30毫升/亩）、20%仲丁威乳油（200毫升/亩）、48%毒死蜱乳油（100毫升/亩）、50%杀螟硫磷乳油（100毫升/亩）、10%烯啶虫胺水剂（20毫升/亩）、25%噻虫嗪水分散粒剂（4克/亩），加水兑成适宜倍数后喷雾防治。

29. 矢尖蚧

矢尖蚧为害树干

矢尖蚧（*Unaspis yanonensis*）为同翅目盾蚧科害虫，为害叶片、果实和枝条。

形态特征

雌介壳箭头形，长3.5~4毫米，棕褐色。介壳背面呈屋脊形，有明显的纵脊，其两侧有许多向前斜伸的横纹。雌成虫橙黄色。雄介壳较细小，长1.2毫米，粉白色，背面有3条纵隆脊。

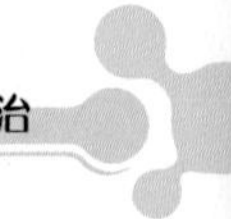

矢尖蚧

矢尖蚧雌虫（褐色）、雄虫（白色）

生活习性

福建1年发生3代，少数4代，多以雌成虫越冬。各代若虫发生期为5月下旬、7月中旬及10月中旬。

防治方法

①减少虫源。结合修剪，剪除虫枝，集中烧毁。可先将虫枝集中放于果园外的空地上，待1周后烧毁，以保护天敌。

②药剂防治。掌握在第1龄幼蚧盛期，选用10%乙虫腈悬浮剂（30毫升/亩）、20%仲丁威乳油（200毫升/亩）、48%毒死蜱乳油（100毫升/亩）、50%杀螟硫磷乳油（100毫升/亩）、10%烯啶虫胺水剂（20毫升/亩）、25%噻虫嗪水分散粒剂（4克/亩），加水兑成适宜倍数后喷雾防治。

30. 草履蚧

草履蚧（*Drosicha controhens*）为同翅目珠蚧科害虫。为害叶片、果实和枝条。

草履蚧为害状

形态特征

雌成虫体长8~12毫米，椭圆形，前面稍隆起，褐色，触角及足黑色，体表附有一层稀薄的蜡粉。雄成虫体长 5~7 厘米，黑色，翅 1 对，腹末有枝刺 4 根。

生活习性

在福建 1 年发生 1 代，以成虫在枝干上越冬，4 月中旬成虫爬入土中分泌棉絮状卵囊，并产卵于其中，有时也在树干裂缝内分泌卵囊产卵。7 月初，卵孵化出新若虫，新若虫群集于小枝上，2 龄以后分散为害。

草履蚧

防治方法

①减少虫源。结合修剪，剪除虫枝，集中烧毁。可先将虫枝集中放于果园外的空地上，待 1 周后烧毁，以保护天敌。

②药剂防治。掌握在第 1 龄幼蚧盛期，选用 10% 乙虫腈悬浮剂（30 毫升 / 亩）、20% 仲丁威乳油（200 毫升 / 亩）、48% 毒死蜱乳油（100 毫升 / 亩）、50% 杀螟硫磷乳油（100 毫升 / 亩）、10% 烯啶虫胺水剂（20 毫升 / 亩）、25% 噻虫嗪水分散粒剂（4 克 / 亩），加水兑成适宜倍数后喷雾防治。

31. 橘潜叶甲

橘潜叶甲（*Podagricomela nigricollis*）为鞘翅目叶甲科害虫。为害柑橘春梢叶片，成虫在叶背取食叶肉，仅留叶表皮，受害叶上出现透明斑。幼虫蛀食叶肉成长弯曲隧道，使叶片萎黄脱落。

橘潜叶甲为害状

橘潜叶甲为害状

橘潜叶甲为害状

形态特征

成虫体长3~3.7毫米，头部、前胸、足均为黑色；触角基部3节黄褐色，其余黑色；鞘翅橘黄色，每鞘翅上有纵列刻点11行。卵椭圆形，米黄色。幼虫深黄色。胸足3对。蛹黄色，腹末有1对叉状突起。

橘潜叶甲成虫

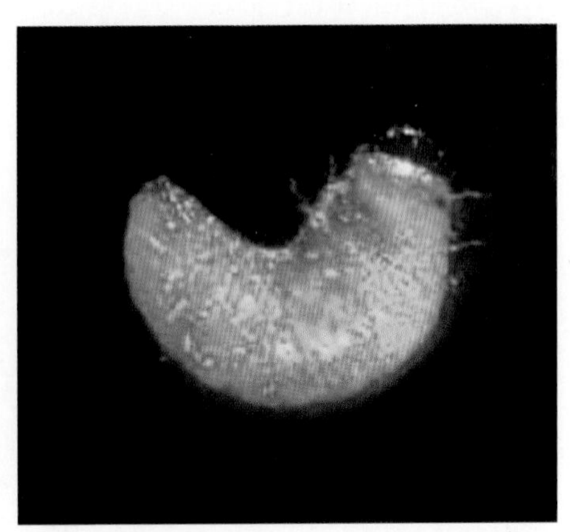

橘潜叶甲幼虫

生活习性

在福建1年发生1代，以成虫在树干上的苔藓下或树头松土中越冬。3月下旬开始活动产卵。4月中旬是越冬成虫为害期；5月至6月上旬是当年羽化成虫为害期。初孵幼虫钻入叶片表皮下，潜食叶肉成隧道。幼虫老熟时随落叶坠地，不久脱叶钻入土中作土室化蛹。

防治方法

①减少虫源。清除树上的苔藓，及时打扫被害落叶，并集中烧毁，以消灭幼虫于入土之前。

②药剂防治。在越冬成虫出蛰活动期和产卵高峰期各喷药 1 次，可选用 5% 甲氨基阿维菌素苯甲酸盐水分散粒剂（20 克 / 亩）、10% 醚菊酯乳油（100 毫升 / 亩）、48% 毒死蜱乳油（100 毫升 / 亩）、40% 辛硫磷乳油（80~100 毫升 / 亩）、20% 氯虫苯甲酰胺悬浮剂（10 毫升 / 亩）。在幼虫入土前，用药剂兑 25~30 千克拌细土，施于树四周土壤中，毒杀准备入土化蛹的幼虫。

32. 龟甲

龟甲（*Taiwania obtusata*）为鞘翅目叶甲科害虫。成虫在叶背取食叶肉，仅留叶表皮。受害叶形成透明斑或缺刻。

龟甲为害状

龟甲为害状

形态特征

成虫扁椭圆形，长 4~4.7 毫米，淡黄绿色，中部拱起、黄褐色，有金色斑。鞘翅拱起部有刻点列。

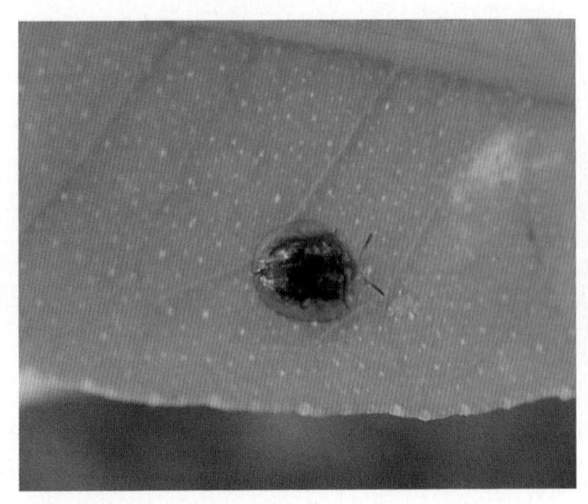

龟甲成虫

龟甲成虫

生活习性

在福建 1 年发生 5~6 代，4 月下旬至 11 月发生为害，以成虫在田边杂草、枯叶、石隙或土缝里越冬。

防治方法

①减少虫源。清除树上的苔藓，及时打扫被害落叶，并集中烧毁，以消灭幼虫于入土之前。

②药剂防治。在越冬成虫出蛰活动期和产卵高峰期各喷药 1 次，可选用 5% 甲氨基阿维菌素苯甲酸盐水分散粒剂（20 克 / 亩）、10% 醚菊酯乳油（100 毫升 / 亩）、48% 毒死蜱乳油（100 毫升 / 亩）、20% 氯虫苯甲酰胺悬浮剂（10 毫升 / 亩），加水兑成适宜倍数后喷雾防治。在幼虫入土前，用药剂兑 25~30 千克拌细土，施于树四周土壤中，毒杀准备入土化蛹的幼虫。

33. 灰象虫

灰象虫（*Sympiezomia citri*）为鞘翅目象甲科害虫。成虫为害春梢新叶，被害叶残缺不全；啃食幼果果皮，果面残留伤疤，甚至导致落果。

灰象甲为害叶片

灰象甲为害叶片

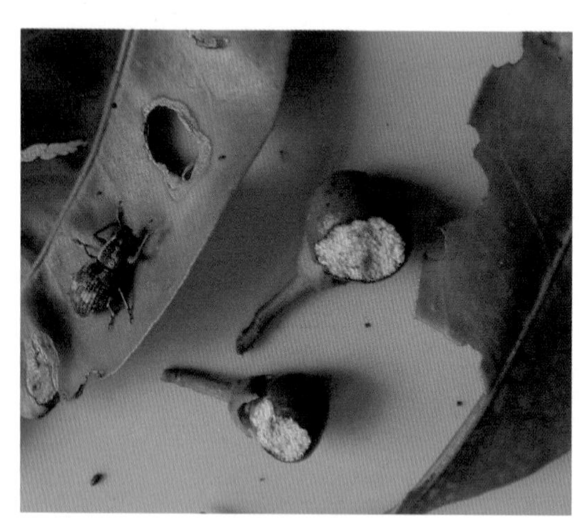

灰象甲为害叶片和果实

灰象甲为害果实

形态特征

成虫体长 8~12.5 毫米，体灰色，背面黑色；前胸背面密布不规则瘤状突，中央有黑色宽纵纹；翅鞘基部灰白，中部横列灰白色斑纹；卵长筒形，乳白色。幼虫淡黄色，无足。蛹淡黄色，腹末具黑褐色刺 1 对。

灰象甲成虫

灰象甲成虫

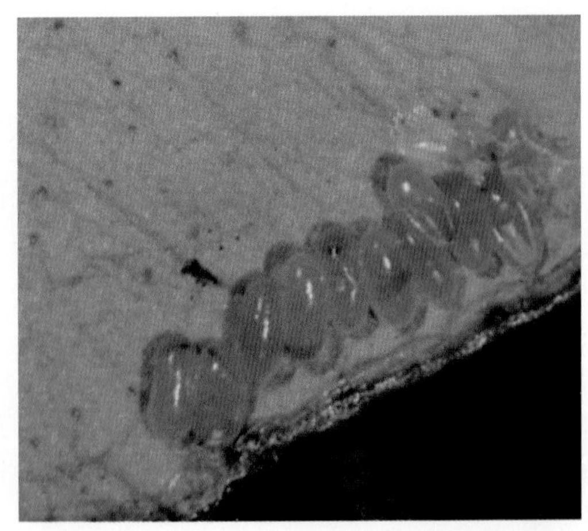

灰象甲卵

生活习性

在福建1年发生1代，以成虫和幼虫在土中越冬。4月初成虫陆续出土爬上树梢，为害新梢嫩叶，4月下旬始转害幼果。成虫常群集为害，有假死性，产卵于两叶片之间近叶缘处，并分泌黏液使叶片胶合。卵孵化后，幼虫入土，在10~15厘米深的土层中取食根部和腐殖质。

防治方法

①人工捕杀成虫。利用成虫假死性，在树下铺塑料布，震动树枝，集中消灭掉落的成虫。冬季深翻园土，可以杀死部分越冬象虫。

②药剂防治。可选用40%辛硫磷乳油（80~100毫升/亩）、5%甲氨基阿维菌素苯甲酸盐水分散粒剂（20克/亩）、10%醚菊酯乳油（100毫升/亩）、48%毒死蜱乳油（100毫升/亩）、20%氯虫苯甲酰胺悬浮剂（10毫升/亩），加水兑成适宜倍数后喷雾防治成虫。

34. 金龟子

金龟子为鞘翅目鳃金龟科害虫，柑橘上常见的金龟子有红脚绿金龟子（*Anomala cupripes*）和茶色丽金龟子（*Anomala sinicus*）。成虫大量取食新梢幼叶，形成不规则缺刻和孔洞。幼虫在土中为害根部，致使柑橘发育不良，萎黄枯死。

红脚绿金龟子为害状

茶色丽金龟子为害状

形态特征

成虫翅鞘颜色因种类不同而异，有绿金色和茶色等，但翅鞘都不盖住腹部，触角短肘状。卵乳白色，近圆形。幼虫乳白色，肥硕，呈“C”形弯曲，体壁各节多皱褶，胸足3对发达。蛹为裸蛹，初化蛹时体色乳白，渐变黄色。

红脚绿金龟子成虫

茶色丽金龟子成虫

金龟子幼虫

生活习性

在福建1年发生1代。成虫昼伏夜出，有假死性。成虫食量大，产卵土中。幼虫通常3龄，土栖，低龄取食腐殖质，高龄取食植物根。成虫在无风闷热天夜晚，大量出土取食为害。

防治方法

①消灭成虫。在成虫发生盛期，用诱虫灯诱杀成虫；或利用成虫的假死性，用人工震落捕捉。

②结合翻耕，捡拾蛴螬。

③药剂防治。可选用5%甲氨基阿维菌素苯甲酸盐水分散粒剂（20克/亩）、10%醚菊酯乳油（100毫升/亩）、40%辛硫磷乳油（80~100毫升/亩）、48%毒死蜱乳油（100毫升/亩）、20%氯虫苯甲酰胺悬浮剂（10毫升/亩），加水兑成适宜倍数后喷雾防治成虫；选用40%辛硫磷乳油（80~100毫升/亩）、48%毒死蜱乳油（100毫升/亩）拌25~30千克细土，施于树四周土壤中，或兑水灌根毒杀土壤中幼虫。

35. 星天牛

星天牛（*Anoplophora chinensis*）为鞘翅目天牛科害虫。幼虫俗称围头虫。

星天牛为害树干

星天牛为害叶片

幼虫在近地面的树干及主根皮下蛀食为害，常造成“围头”现象，最后导致整株枯死。

形态特征

成虫体长19~39毫米，鞘翅漆黑，基部密布颗粒，表面散布许多白色斑点。触角超过体长。卵长椭圆形，乳白色。幼虫淡黄色，老熟幼虫前胸背板各有一黄褐色飞鸟形斑纹，后方具同色的“凸”字形大斑块。胸、腹足均退化。蛹为裸蛹，乳白色。

星天牛成虫

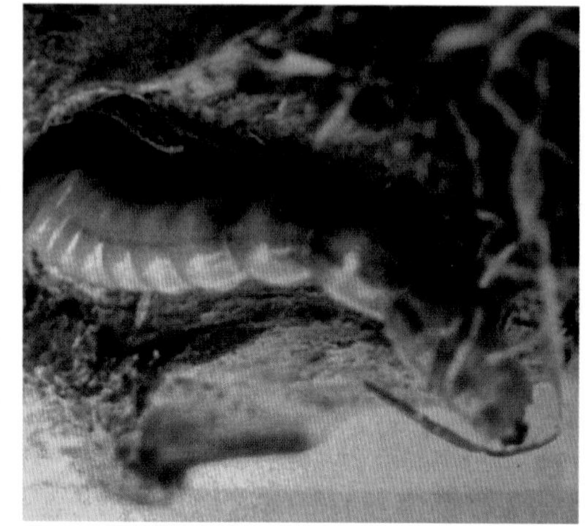
星天牛幼虫

生活习性

在福建1年发生1代，以幼虫在树干基部或主根蛀道内越冬。翌年春天化蛹，4月底成虫开始羽化，5~6月为成虫羽化盛期。卵多产在树干离地面5厘米的范围内，产卵处皮层有“L”或“⊥”形伤口。幼虫孵出后，在树干皮下向下蛀食。幼虫咬碎的木屑和粪便，部分推出堆积在树干基部周围地面。

防治方法

①人工消灭成虫、幼虫及卵。在成虫羽化盛期，人工捕杀成虫。根据产卵处症状，用利刀刮杀卵粒及低龄幼虫。

②毒杀幼虫。根据树木的衰弱长势表现或散落地面的木屑和虫粪，追踪蛀孔、蛀道，用钢丝通刺后，再用高压注射器注入48%毒死蜱乳油100倍液，以熏杀蛀道内幼虫，并以黏泥封闭孔口。

③利用性诱剂诱杀成虫。

④药剂防治。可选用5%甲氨基阿维菌素苯甲酸盐水分散粒剂（20克/亩）、10%醚菊酯乳油（100毫升/亩）、40%辛硫磷乳油（80~100毫升/亩）、48%毒死蜱乳油（100毫升/亩）、20%氯虫苯甲酰胺悬浮剂（10毫升/亩），加水兑成适宜倍数后喷雾防治成虫。

36. 褐天牛

褐天牛（*Nadezhdiella cantori*）为鞘翅目天牛科害虫。蛀害柑橘主枝和侧枝，受害的枝干内蛀道纵横，影响水分和养分输导，常造成枯梢。

形态特征

成虫体长26~51毫米，黑褐色，有光泽，披灰黄色短绒毛。卵椭圆形，黄白色。幼虫乳白色，前胸背板上有4段横列的棕色斑纹，中央的两段狭长，有微小的胸足。蛹淡黄色。

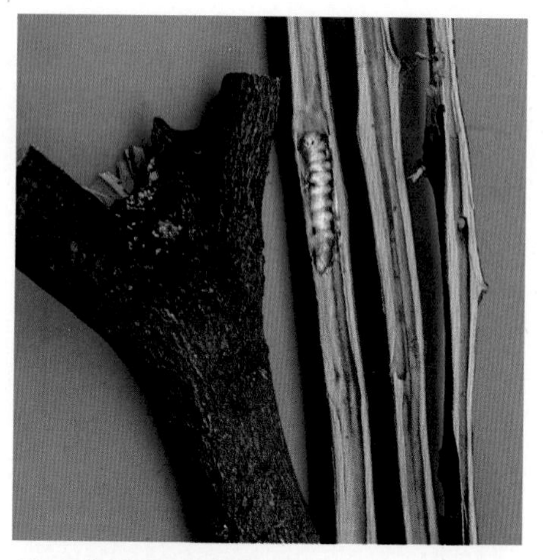

褐天牛幼虫及为害状

褐天牛为害树干

褐天牛为害树干

褐天牛为害状（枝干剖面）

褐天牛为害造成枯梢

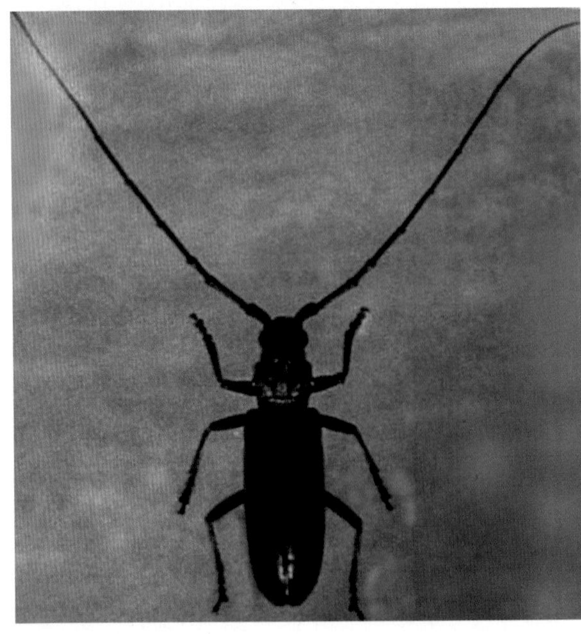
褐天牛成虫

生活习性

在福建2年完成1代，以成虫和幼虫同时在树干蛀道内越冬。4月份成虫开始出洞活动，5~6月产卵，较多产在枝干分叉处。幼虫孵出后先在树干皮下蛀食，树皮表面出现流胶现象。幼虫蛀入木质部，先横向蛀行，然后向上蛀食。老熟幼虫在蛀道内吐出白色分泌物，封闭两端。

防治方法

①人工捕杀成虫。掌握

成虫羽化盛期捕杀成虫。

②利用性诱剂诱杀成虫。

③药剂防治。可选用 5% 甲氨基阿维菌素苯甲酸盐水分散粒剂（20 克 / 亩）、10% 醚菊酯乳油（100 毫升 / 亩）、40% 辛硫磷乳油（80~100 毫升 / 亩）、48% 毒死蜱乳油（100 毫升 / 亩）、20% 氯虫苯甲酰胺悬浮剂（10 毫升 / 亩），加水兑成适宜倍数后喷雾防治成虫。

37. 白蚂蚁

白蚂蚁为等翅目蚁科害虫，为害柑橘的白蚂蚁主要有黑翅土白蚁（*Odontotermes formosanus*）、家白蚁（*Coptotermes formosanus*）。白蚂蚁在土中咬食根系，或出土沿树干筑泥路，咬食树皮。

白蚂蚁蚁道

白蚂蚁蚁道

白蚂蚁

形态特征

家白蚁：兵蚁头浅黄色，卵圆形；长翅繁殖蚁，体黄褐色，翅淡黄色，透明。

黑翅土白蚁：兵蚁无翅，头部暗黄色，卵形；长翅繁殖蚁，体柔软，全体黑褐色；工蚁体形象兵蚁，但上颚不发达。

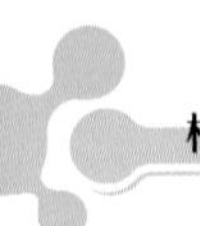

生活习性

白蚁有群集性和社会性，有翅成虫具有趋光性。3 月初气温转暖时，开始出土为害，5~6 月和 9 月出现为害高峰期，11 月下旬后入土越冬。

防治方法

①采用诱杀法。在有蚁害树干基部的分群孔内寄放含杀虫剂的白蚁诱膏进行诱杀。4~6 月为白蚁有翅成虫婚飞季节，利用其趋光性，设置黑光灯进行诱杀。

②药剂防治。为害较重的柑橘树，可选用 48% 毒死蜱乳油、50% 杀螟硫磷乳油、40% 辛硫磷乳油兑成 500 倍液，喷淋树干或淋灌根部。

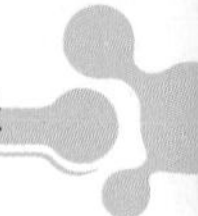

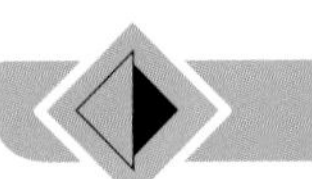

附 录

附录一　柑橘常用杀菌剂及使用方法

表 1　柑橘常用杀菌剂及使用方法

防治药剂	病害名称	作用特点	使用剂量	使用次数	间隔期	使用方法
250 克 / 升嘧菌酯悬浮剂	柑橘疮痂病、柑橘炭疽病、柑橘树脂病	内吸性杀菌剂	50~70 毫升 / 亩	2~3	7~10 天	喷雾
10% 苯醚甲环唑水分散粒剂	柑橘疮痂病、柑橘炭疽病、柑橘树脂病	内吸性杀菌剂	50~60 克 / 亩	2	7~14 天	喷雾
25% 丙环唑乳油	柑橘疮痂病、柑橘炭疽病、柑橘树脂病	内吸性杀菌剂	30~40 毫升 / 亩	2	7~14 天	喷雾
325 克 / 升苯甲・嘧菌酯悬浮剂	柑橘疮痂病、柑橘炭疽病、柑橘树脂病、柑橘黄斑病、柑橘褐斑病	具有内吸作用的复配杀菌剂	25~30 毫升 / 亩	2	7~14 天	喷雾
30% 苯醚甲环唑・丙环唑乳油	柑橘疮痂病、柑橘炭疽病、柑橘树脂病、柑橘黄斑病、柑橘褐斑病	具有内吸作用的复配杀菌剂	15~20 毫升 / 亩	2	7~14 天	喷雾
240 克 / 升噻呋酰胺悬浮剂	柑橘灰霉病、柑橘褐腐病、柑橘黑斑病、柑橘黑腐病	内吸性杀菌剂	12~23 毫升 / 亩	2	7~14 天	喷雾
70% 甲基硫菌灵可湿性粉剂	柑橘灰霉病、柑橘褐腐病、柑橘黑斑病、柑橘黑腐病	内吸性杀菌剂	100~120 克 / 亩	2	7~14 天	喷雾
5% 井冈霉素可溶性粉剂	柑橘灰霉病、柑橘褐腐病、柑橘黑斑病、柑橘黑腐病	抗菌素、内吸性杀菌剂	100~150 克 / 亩	2	7~14 天	喷雾

续表

防治药剂	病害名称	作用特点	使用剂量	使用次数	间隔期	使用方法
75% 肟菌酯·戊唑醇水分散粒剂	柑橘疮痂病、柑橘炭疽病、柑橘树脂病、柑橘黄斑病、柑橘褐斑病	具有内吸作用的复配杀菌剂	10~15 克 / 亩	2	7~14 天	喷雾
25% 咪鲜胺乳油	柑橘灰霉病、柑橘疮痂病、柑橘炭疽病、柑橘褐腐病、柑橘黑斑病、柑橘黑腐病	内吸性杀菌剂	50~60 毫升 / 亩	2	7~14 天	喷雾
15% 氯啶菌酯乳油	柑橘灰霉病、柑橘褐腐病、柑橘黑斑病、柑橘黑腐病	内吸性杀菌剂	50~65 毫升 / 亩	2~3	7–10 天	喷雾
430 克 / 升戊唑醇悬浮剂	柑橘疮痂病、柑橘炭疽病、柑橘树脂病、柑橘黄斑病、柑橘褐斑病	内吸性杀菌剂	10~15 毫升 / 亩	2	7~14 天	喷雾
12%井冈·烯唑醇可湿性粉剂	柑橘立枯病、柑橘膏药病	具有内吸作用的复配杀菌剂	60~72 克 / 亩	2	7~14 天	喷雾
15% 噁霉灵水剂	柑橘立枯病、柑橘膏药病	内吸性杀菌剂	6~8 千克 / 亩	1	—	苗床处理
50%腐霉利可湿性粉剂	柑橘灰霉病、柑橘褐腐病、柑橘黑斑病、柑橘黑腐病	具有一定渗透作用的保护性杀菌剂	50~60 克 / 亩	2~3	7~10 天	喷雾
42% 噻菌灵悬浮剂	柑橘青霉病、绿霉病，柑橘酸腐病，柑橘蒂腐病	内吸性杀菌剂	3~5 毫升 / 升	1	—	浸果
25% 抑霉唑水乳剂	柑橘青霉病、绿霉病，柑橘酸腐病，柑橘蒂腐病	内吸性杀菌剂	2~3 毫升 / 升	1	—	浸果

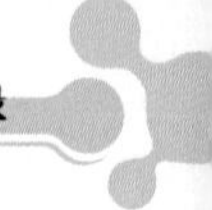

续表

防治药剂	病害名称	作用特点	使用剂量	使用次数	间隔期	使用方法
50% 乙霉威可湿性粉剂	柑橘灰霉病，柑橘青霉病、绿霉病，柑橘酸腐病，柑橘蒂腐病	内吸性杀菌剂	80~150 克 / 亩	2	7~10 天	喷雾
50% 烯酰吗啉可湿性粉剂	柑橘疫病	内吸性杀菌剂	15 克 / 亩	2~3	7~10 天	喷雾
72% 霜脲氰·代森锰锌可湿性粉剂	柑橘疫病	具有内吸和保护作用的复配杀菌剂	150 克 / 亩	2~3	7~10 天	喷雾
20% 噻枯唑可湿性粉剂	柑橘溃疡病	内吸性杀菌剂	100~125 克 / 亩	2~3	7~10 天	喷雾
77% 氢氧化铜可湿性粉剂	柑橘溃疡病、柑橘疮痂病、柑橘炭疽病、柑橘树脂病	保护性杀菌剂	50~60 克 / 亩	2~3	7~10 天	喷雾
20% 噻菌铜悬浮剂	柑橘溃疡病、柑橘疮痂病、柑橘炭疽病、柑橘树脂病	保护性杀菌剂	100~130 毫升 / 亩	2~3	7~10 天	喷雾
50% 氯溴异氰尿酸可溶粉剂	柑橘溃疡病、柑橘衰退病、柑橘黄龙病	保护性杀菌剂	30~60 克 / 亩	2~3	7~10 天	喷雾
0.5% 香菇多糖水剂	柑橘衰退病、柑橘黄龙病	保护性杀菌剂	50~75 毫升 / 亩	2~3	7~10 天	喷雾
30% 毒氟磷可湿性粉剂	柑橘衰退病	保护性杀菌剂	30 克 / 亩	2~3	7~10 天	喷雾

附录二　柑橘主要病害防治药剂及使用剂量

表 2　柑橘主要病害防治药剂及使用剂量

为害部位	病害类型	主要病害名称	防治药剂及使用剂量
叶片	真菌性	柑橘疮痂病、柑橘炭疽病、柑橘树脂病等	10% 苯醚甲环唑水分散粒剂 50~60 克 / 亩、15% 氯啶菌酯乳油 50 毫升 / 亩、25% 咪鲜胺乳油 50~60 毫升 / 亩、250 克 / 升嘧菌酯悬浮剂 50 毫升 / 亩、325 克 / 升苯甲·嘧菌酯悬浮剂 25 毫升 / 亩、75% 肟菌酯 · 戊唑醇水分散粒剂、80% 代森锰锌可湿性粉剂 130 克 / 亩
		柑橘树脂病、柑橘黄斑病、柑橘褐斑病等	10% 苯醚甲环唑水分散粒剂 50~60 克 / 亩、15% 氯啶菌酯乳油 50 毫升 / 亩、25% 咪鲜胺乳油 50~60 毫升 / 亩、250 克 / 升嘧菌酯悬浮剂 50 毫升 / 亩、325 克 / 升苯甲 · 嘧菌酯悬浮剂 25 毫升 / 亩、75% 肟菌酯 · 戊唑醇水分散粒剂 20 克 / 亩、50% 多菌灵可湿性粉剂 130 克 / 亩、80% 代森锰锌可湿性粉剂 130 克 / 亩、2% 春雷霉素水剂 100 毫升 / 亩
	卵菌	疫霉病	50% 烯酰吗啉可湿性粉剂 15 克 / 亩、687.5 克 / 升霜霉威盐酸盐 · 氟吡菌胺悬浮剂 65 毫升 / 亩、72% 霜脲氰 · 代森锰锌可湿性粉剂 150 克 / 亩
	细菌性	柑橘溃疡病等	50% 氯溴异氰尿酸可溶粉剂 50 克 / 亩、20% 噻枯唑可湿性粉剂 100 克 / 亩、77%氢氧化铜可湿性粉剂 50 克 / 亩、20% 噻菌铜悬浮剂 100 毫升 / 亩、80% 代森锰锌可湿性粉剂 130 克 / 亩
	病毒	柑橘衰退病	0.5% 香菇多糖水剂 75 毫升 / 亩、2% 宁南霉素水剂 200 毫升 / 亩、50% 氯溴异氰尿酸可溶粉剂 50 克 / 亩、30% 毒氟磷可湿性粉剂 30 克 / 亩

续表

为害部位	病害类型	主要病害名称	防治药剂及使用剂量
枝干	真菌性	柑橘树脂病、柑橘黄斑病等	25% 丙环唑乳油 40 毫升 / 亩、30% 苯醚甲环唑·丙环唑乳油 20 毫升 / 亩、240 克 / 升噻呋酰胺悬浮剂 23 毫升 / 亩、77% 氢氧化铜可湿性粉剂 50 克 / 亩、80% 代森锰锌可湿性粉剂 130 克 / 亩
	卵菌	疫霉病	50% 烯酰吗啉可湿性粉剂 15 克 / 亩、687.5 克 / 升霜霉威盐酸盐·氟吡菌胺悬浮剂 65 毫升 / 亩、72% 霜脲氰·代森锰锌可湿性粉剂 150 克 / 亩
	病毒	柑橘衰退病	0.5% 香菇多糖水剂 75 毫升 / 亩、2% 宁南霉素水剂 200 毫升 / 亩、50% 氯溴异氰尿酸可溶粉剂 50 克 / 亩、30% 毒氟磷可湿性粉剂 30 克 / 亩
花果	真菌性	柑橘灰霉病等	50%腐霉利可湿性粉剂 60 克 / 亩、50% 乙霉威可湿性粉剂 80~150 克 / 亩、30% 苯醚甲环唑·丙环唑乳油 20 毫升 / 亩、240 克 / 升噻呋酰胺悬浮剂 23 毫升 / 亩、25% 咪鲜胺乳油 50~60 毫升 / 亩
		柑橘幼果褐腐病、柑橘黑斑病、柑橘黑腐病等	50% 乙霉威可湿性粉剂 80~150 克 / 亩、25% 咪鲜胺乳油 50~60 毫升 / 亩、50%腐霉利可湿性粉剂 60 克 / 亩、75% 肟菌酯·戊唑醇水分散粒剂 15 克 / 亩、15% 氯啶菌酯乳油 65 毫升 / 亩、430 克 / 升戊唑醇悬浮剂 15 毫升 / 亩、50% 多菌灵可湿性粉剂 130 克 / 亩
		柑橘青霉病、绿霉病，柑橘酸腐病，柑橘蒂腐病等	42% 噻菌灵悬浮剂 3~5 毫升 / 升、25% 抑霉唑水乳剂 2~3 毫升 / 升、25% 咪鲜胺乳油 50~60 毫升 / 亩、50% 腐霉利可湿性粉剂 60 克 / 亩、30% 苯醚甲环唑·丙环唑乳油 20 毫升 / 亩、240 克 / 升噻呋酰胺悬浮剂 23 毫升 / 亩
	细菌性	柑橘溃疡病等	50% 氯溴异氰尿酸可溶粉剂 50 克 / 亩、20% 噻枯唑可湿性粉剂 100 克 / 亩、77%氢氧化铜可湿性粉剂 50 克 / 亩、20% 噻菌铜悬浮剂 100 毫升 / 亩
根	真菌性	柑橘立枯病、柑橘膏药病等	15% 噁霉灵水剂 6 千克 / 亩、77%氢氧化铜可湿性粉剂 50 克 / 亩、25% 咪鲜胺乳油 50~60 毫升 / 亩、30% 苯醚甲环唑·丙环唑乳油 20 毫升 / 亩、240 克 / 升噻呋酰胺悬浮剂 23 毫升 / 亩、50% 多菌灵可湿性粉剂 130 克 / 亩
	线虫	根结线虫病	10% 噻唑膦颗粒剂 1 千克 / 亩、1.8% 阿维菌素乳油 30 毫升 / 亩

附录三　柑橘常用杀虫剂及使用方法

表 3　柑橘常用杀虫剂及使用方法

农药名称	防治对象	作用特点	使用剂量	使用次数	间隔期	使用方法
48% 毒死蜱乳油	凤蝶类、潜叶蛾、卷叶蛾、油桐尺蠖、双线盗毒蛾、斜纹夜蛾、橘潜叶甲、灰象虫、金龟子、星天牛	触杀、胃毒、熏蒸	75~100 毫升 / 亩	2	30 天	喷雾
25% 喹硫磷乳油	凤蝶类、潜叶蛾、卷叶蛾、油桐尺蠖、双线盗毒蛾、斜纹夜蛾、灰象虫	触杀、胃毒	120~150 毫升 / 亩	2	14 天	喷雾
40% 辛硫磷乳油	潜叶蛾、卷叶蛾、油桐尺蠖、双线盗毒蛾、斜纹夜蛾、灰象虫、金龟子、星天牛、白蚂蚁	触杀、胃毒	80~100 毫升 / 亩	2	14 天	喷雾
8000 国际单位 / 毫克苏云金杆菌可湿性粉剂	凤蝶类、潜叶蛾、卷叶蛾、油桐尺蠖、双线盗毒蛾、斜纹夜蛾、灰象虫、金龟子	胃毒	200~250 克 / 亩	2	5 天	喷雾
1.8% 阿维菌素乳油	凤蝶类、潜叶蛾、卷叶蛾、油桐尺蠖、双线盗毒蛾、斜纹夜蛾、线虫	触杀、胃毒	20~30 毫升 / 亩	2	5 天	喷雾
15% 茚虫威悬浮剂	凤蝶类、潜叶蛾、卷叶蛾、油桐尺蠖、双线盗毒蛾、斜纹夜蛾	触杀、胃毒	12~16 毫升 / 亩	2	5 天	喷雾

续表

农药名称	防治对象	作用特点	使用剂量	使用次数	间隔期	使用方法
5% 甲氨基阿维菌素苯甲酸盐水分散粒剂	凤蝶类、潜叶蛾、卷叶蛾、油桐尺蠖、双线盗毒蛾、斜纹夜蛾、橘小实蝇	触杀、胃毒	20~40 克 / 亩	2	5 天	喷雾
22% 氰氟虫腙悬浮剂	凤蝶类、潜叶蛾、卷叶蛾、油桐尺蠖、双线盗毒蛾、斜纹夜蛾	胃毒	40~50 毫升 / 亩	2	14 天	喷雾
20% 氯虫苯甲酰胺悬浮剂	凤蝶类、潜叶蛾、卷叶蛾、油桐尺蠖、双线盗毒蛾、斜纹夜蛾	胃毒	8~10 毫升 / 亩	2	5 天	喷雾
10% 阿维菌素·氟虫双酰胺悬浮剂	凤蝶类、潜叶蛾、卷叶蛾、油桐尺蠖、双线盗毒蛾、斜纹夜蛾、橘小实蝇	触杀、胃毒	20~30 毫升 / 亩	2	7 天	喷雾
20% 氟虫双酰胺水分散粒剂	凤蝶类、潜叶蛾、卷叶蛾、油桐尺蠖、双线盗毒蛾、斜纹夜蛾	触杀、胃毒	10~15 克 / 亩	2	7 天	喷雾
10% 吡虫啉可湿性粉剂	蚜虫类、黑刺粉虱、橘粉虱、木虱、角肩蝽	内吸、胃毒	15~20 克 / 亩	2	7 天	喷雾
25% 噻虫嗪水分散粒剂	蚜虫类、黑刺粉虱、橘粉虱、木虱、角肩蝽	内吸、胃毒	2~4 克 / 亩	2	7 天	喷雾
25% 吡蚜酮可湿性粉剂	蚜虫类、黑刺粉虱、橘粉虱、木虱、角肩蝽	内吸、胃毒	20~25 克 / 亩	2	7 天	喷雾
10% 烯啶虫胺水剂	橘小实蝇、蚜虫类、木虱、角肩蝽	内吸、胃毒	20~25 毫升 / 亩	2	7 天	喷雾

续表

农药名称	防治对象	作用特点	使用剂量	使用次数	间隔期	使用方法
10% 乙虫腈悬浮剂	橘小实蝇、蚜虫类、黑刺粉虱、橘粉虱、木虱、角肩蝽	触杀	30~40 毫升 / 亩	2	14 天	喷雾
25% 噻嗪酮可湿性粉剂	蚜虫类、黑刺粉虱、橘粉虱、木虱、角肩蝽	触杀、胃毒	30~40 克 / 亩	2	14 天	喷雾
20% 异丙威乳油	潜叶蛾、卷叶蛾、橘小实蝇、褐圆蚧、红圆蚧、矢尖蚧、潜叶甲、灰象虫、金龟子、星天牛	触杀	150~200 毫升 / 亩	2	14 天	喷雾
20% 仲丁威乳油	橘小实蝇、褐圆蚧、红圆蚧、矢尖蚧、潜叶甲、灰象虫、金龟子、星天牛	触杀、胃毒	150~200 毫升 / 亩	2	21 天	喷雾
10% 醚菊酯乳油	潜叶蛾、卷叶蛾、橘小实蝇、褐圆蚧、红圆蚧、矢尖蚧、潜叶甲、灰象虫、金龟子、星天牛	触杀、胃毒	80~100 毫升 / 亩	2	7 天	喷雾
5% 氟虫脲乳油	潜叶蛾、卷叶蛾、红蜘蛛、锈壁虱	杀虫、杀螨剂	30~50 毫升 / 亩	2~3	7 天	喷雾
15% 哒螨酮乳油	红蜘蛛、锈壁虱	广谱性杀螨剂	30~40 毫升 / 亩	2~3	7 天	喷雾
224 克 / 升螺虫乙酯悬浮剂	红蜘蛛、锈壁虱、介壳虫	内吸、广谱	8~10 毫升 / 亩	2	7 天	喷雾
10% 噻唑磷颗粒剂	线虫	触杀、内吸性杀线剂	1 千克 / 亩	2~3	7~10 天	洒施

附录四　柑橘主要害虫防治药剂及使用剂量

表 4　柑橘主要害虫防治药剂及使用剂量

为害部位	害虫口器类型	害虫名称	防治药剂及使用剂量
叶片	咀嚼式口器害虫	凤蝶类、潜叶蛾、卷叶蛾类、油桐尺蠖、双线盗毒蛾、斜纹夜蛾、吸果夜蛾类等	48% 毒死蜱乳油 100 毫升 / 亩、50% 杀螟硫磷乳油 100 毫升 / 亩、25% 喹硫磷乳油 150 毫升 / 亩、18% 杀虫双水剂 250 毫升 / 亩、22% 氰氟虫腙悬浮剂 40 毫升 / 亩、20% 氯虫苯甲酰胺悬浮剂 10 毫升 / 亩、20% 氟虫双酰胺水分散粒剂 10 克 / 亩、5% 甲氨基阿维菌素苯甲酸盐水分散粒剂 20 克 / 亩、1.8% 阿维菌素乳油 30 毫升 / 亩、15% 茚虫威悬浮剂 16 毫升 / 亩、8000 国际单位苏云金杆菌可湿性粉剂 200 克 / 亩。
		橘潜叶甲、灰象虫、金龟子、星天牛等	5% 甲氨基阿维菌素苯甲酸盐水分散粒剂 20 克 / 亩、10% 醚菊酯乳油 100 毫升 / 亩、48% 毒死蜱乳油 100 毫升 / 亩、20% 氯虫苯甲酰胺悬浮剂 10 毫升 / 亩
	刺吸式口器害虫	蚜虫类、黑刺粉虱、橘粉虱、木虱等	10% 吡虫啉可湿性粉剂 20 克 / 亩、25% 噻虫嗪水分散粒剂 4 克 / 亩、25% 吡蚜酮可湿性粉剂 25 克 / 亩、10% 烯啶虫胺水剂 20 毫升 / 亩、10% 乙虫腈悬浮剂 30 毫升 / 亩、25% 噻嗪酮可湿性粉剂 40 克 / 亩
		椿象类等	10% 乙虫腈悬浮剂 30 毫升 / 亩、20% 仲丁威乳油 200 毫升 / 亩、48% 毒死蜱乳油 100 毫升 / 亩、50% 杀螟硫磷乳油 100 毫升 / 亩、10% 烯啶虫胺水剂 20 毫升 / 亩、25% 噻虫嗪水分散粒剂 4 克 / 亩
	锉吸式口器害虫	蓟马等	10% 吡虫啉可湿性粉剂 20 克 / 亩、25% 噻虫嗪水分散粒剂 4 克 / 亩、25% 吡蚜酮可湿性粉剂 25 克 / 亩、10% 烯啶虫胺水剂 20 毫升 / 亩、10% 乙虫腈悬浮剂 30 毫升 / 亩、25% 噻嗪酮可湿性粉剂 40 克 / 亩、48% 毒死蜱乳油 100 毫升 / 亩
		红蜘蛛、锈壁虱等	1.8% 阿维菌素乳油 30 毫升 / 亩、5% 氟虫脲乳油 50 毫升 / 亩、15% 哒螨酮乳油 30 升 / 亩、224 克 / 升螺虫乙酯悬浮剂 8~10 毫升 / 亩

续表

为害部位	害虫口器类型	害虫名称	防治药剂及使用剂量
枝干	咀嚼式口器害虫	橘潜叶甲、灰象虫、金龟子、星天牛、白蚂蚁等	48% 毒死蜱乳油 100 毫升 / 亩、40% 丙溴磷乳油 80 毫升 / 亩、50% 杀螟硫磷乳油 100 毫升 / 亩、25% 喹硫磷乳油 150 毫升 / 亩、22% 氰氟虫腙悬浮剂 40 毫升 / 亩、40% 辛硫磷乳油 80~100 毫升 / 亩、20% 氯虫苯甲酰胺悬浮剂 10 毫升 / 亩、20% 氟虫双酰胺水分散粒剂 10 克 / 亩、5% 甲氨基阿维菌素苯甲酸盐水分散粒剂 20 克 / 亩、1.8% 阿维菌素乳油 30 毫升 / 亩、15% 茚虫威悬浮剂 16 毫升 / 亩
	刺吸式口器害虫	介壳虫类等	10% 吡虫啉可湿性粉剂 20 克 / 亩、25% 噻虫嗪水分散粒剂 4 克 / 亩、25% 吡蚜酮可湿性粉剂 25 克 / 亩、10% 烯啶虫胺水剂 20 毫升 / 亩、10% 乙虫腈悬浮剂 30 毫升 / 亩、25% 噻嗪酮可湿性粉剂 40 克 / 亩
花果	刺吸式口器害虫	蚜虫类、木虱、橘小实蝇、椿象类等	10% 吡虫啉可湿性粉剂 20 克 / 亩、48% 毒死蜱乳油 100 毫升 / 亩、10% 乙虫腈悬浮剂 30 毫升 / 亩、20% 仲丁威乳油 200 毫升 / 亩、50% 杀螟硫磷乳油 100 毫升 / 亩、10% 烯啶虫胺水剂 20 毫升 / 亩、25% 噻虫嗪水分散粒剂 4 克 / 亩
	锉吸式口器害虫	蓟马等	10% 吡虫啉可湿性粉剂 20 克 / 亩、25% 噻虫嗪水分散粒剂 4 克 / 亩、25% 吡蚜酮可湿性粉剂 25 克 / 亩、10% 乙虫腈悬浮剂 30 毫升 / 亩、25% 噻嗪酮可湿性粉剂 40 克 / 亩、48% 毒死蜱乳油 100 毫升 / 亩
	其他	橘小实蝇等	48% 毒死蜱乳油 100 毫升 / 亩、50% 杀螟硫磷乳油 100 毫升 / 亩、25% 喹硫磷乳油 150 毫升 / 亩、40% 辛硫磷乳油 80~100 毫升 / 亩、20% 氯虫苯甲酰胺悬浮剂 10 毫升 / 亩、5% 甲氨基阿维菌素苯甲酸盐水分散粒剂 20 克 / 亩、1.8% 阿维菌素乳油 30 毫升 / 亩
根	咀嚼式口器害虫	白蚂蚁	48% 毒死蜱乳油 100 毫升 / 亩、50% 杀螟硫磷乳油 100 毫升 / 亩、25% 喹硫磷乳油 150 毫升 / 亩、40% 辛硫磷乳油 80~100 毫升 / 亩、5% 甲氨基阿维菌素苯甲酸盐水分散粒剂 20 克 / 亩、1.8% 阿维菌素乳油 30 毫升 / 亩

附录五　农业部规定禁用或限用的农药

禁用农药(40种):六六六,滴滴涕,毒杀芬,二溴氯丙烷,杀虫脒,二溴乙烷,除草醚,艾氏剂,狄氏剂,汞制剂,砷类,铅类,敌枯双,氟乙酰胺,甘氟,毒鼠强,氟乙酸钠,毒鼠硅,甲胺磷,甲基对硫磷,对硫磷,久效磷,磷胺,苯线磷,地虫硫磷,甲基硫环磷,磷化钙,磷化镁,磷化锌,硫线磷,蝇毒磷,治螟磷,特丁硫磷,氯磺隆,胺苯磺隆,甲磺隆,福美胂,福美甲胂,三氯杀螨醇,氟虫胺。

限用农药(25种):禁止甲拌磷、甲基异柳磷、内吸磷、克百威、涕灭威、灭线磷、硫环磷、水胺硫磷、硫丹和氯唑磷在蔬菜、果树、茶树、中草药材上使用;禁止氧乐果在甘蓝、柑橘树上使用;禁止氰戊菊酯在茶树上使用;禁止丁酰肼在花生上使用;禁止灭多威在柑橘树、苹果树、茶树、十字花科蔬菜上使用;禁止毒死蜱和三唑磷在蔬菜上使用;除卫生用、玉米等部分旱田种子包衣剂外的其他用途,禁止氟虫腈在其他方面的使用;禁止溴甲烷、氯化苦用于土壤熏蒸以外的其他登记;禁止百草枯水剂销售和使用;取消杀扑磷在柑橘上的登记;禁止氟苯虫酰胺在水稻作物上使用;禁止乙酰甲胺磷、丁硫克百威、乐果在蔬菜、瓜果、茶叶、菌类和中药材作物上使用。

此外,根据《农药管理条例》,剧毒、高毒农药均不得用于防治卫生害虫,不得用于蔬菜、瓜果、茶叶和中草药材。